南方蔬菜生产新模式丛书

辣椒

高效生产新模式

编著者

潘宝贵　王述彬　刘金兵

刁卫平　戈　伟

金盾出版社

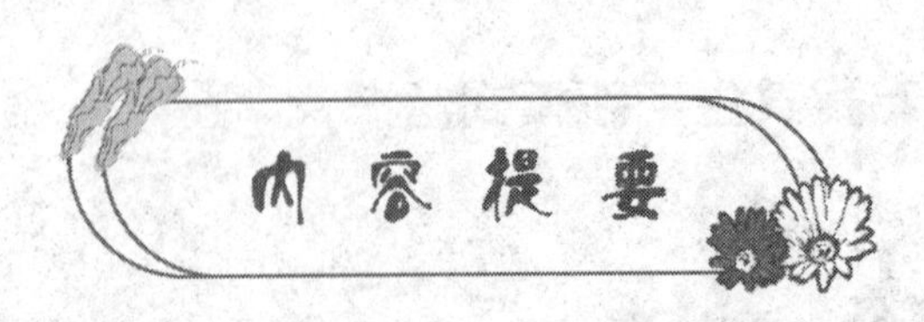

本书是“南方蔬菜生产新模式丛书”的一个分册。内容包括：概述，辣椒新优品种，辣椒育苗技术，露地辣椒高效生产，大棚辣椒高效生产，日光温室辣椒高效生产，辣椒病虫害防治等7章。本书技术先进实用，语言通俗易懂，方法具体，可操作性强，可供广大农民、基层农业技术推广人员及农林院校相关专业师生阅读参考。

图书在版编目(CIP)数据

辣椒高效生产新模式/潘宝贵等编著. -- 北京：金盾出版社，2013.5

(南方蔬菜生产新模式丛书)

ISBN 978-7-5082-8095-0

Ⅰ. ①辣… Ⅱ. ①潘… Ⅲ. ①辣椒—蔬菜园艺 Ⅳ. ①S641.3

中国版本图书馆 CIP 数据核字(2013)第 027984 号

金盾出版社出版、总发行

北京太平路5号(地铁万寿路站往南)

邮政编码：100036 电话：68214039 83219215

传真：68276683 网址：www.jdcbs.cn

封面印刷：北京凌奇印刷有限责任公司

正文印刷：北京军迪印刷有限责任公司

装订：兴浩装订厂

各地新华书店经销

开本：850×1168 1/32 印张：5.625 字数：95千字

2013年5月第1版第1次印刷

印数：1～8 000册 定价：11.00元

目　录

第一章

概　述

第一节 我国辣椒生产现状及发展方向

一、我国辣椒生产现状

1. 栽培面积与产量 辣椒为我国广泛栽培的蔬菜作物，全国 20 多个省、市、自治区都有辣椒栽培，其中江西、贵州、湖南、河南、四川、河北、陕西、湖北等为辣椒种植大省，年种植面积超过 6.7 万公顷，湖南、江苏、贵州还将辣椒列为主要农作物。目前，我国辣椒已发展成为仅次于大白菜的第二大蔬菜作物，年种植面积稳定在 133 万公顷左右，年产量达到 3 700 万吨，分别占世界辣椒总面积的 35％和总产量的 46％。

2. 辣椒生产品种 我国从 20 世纪 70 年代末开始辣椒品种选育研究，目前我国鲜食辣椒的品种基本为杂交一代品种，与地方品种及常规品种相比，大大提高了辣椒生产的产量和商品品质，促进了我国辣椒产业的发展。我国辣椒生产的品种以国内品种为主，国外种子公司的高商品性甜椒、彩色椒、加工辣椒在我国辣椒种子市场中占有一定份额。

3. 经济效益 辣椒产品的市场需求大，种植的经济效益高，全国 160 多个县(乡、镇)，如贵州省遵义县和绥阳县，河北省鸡泽县和望都县，湖南省湘西自治州，云南省丘北县，陕西省宝鸡市，江西省永丰县等，都将辣椒作为重要的特色农产品，甚至是作为支柱产业加以发展。近年来，在辣椒生产的带动下，我国辣椒加工企业不断涌

现，规模较大的企业有200多家，形成了"老干妈"、"老干爹"、"乡下妹"、"坛坛香"、"辣妹子"等知名品牌。

二、我国辣椒生产发展方向

1. 设施栽培规模比例不断扩大　目前，我国日光温室、塑料大棚辣椒的生产规模在不断扩大，露地辣椒的生产规模则不断减少，辣椒的生产和市场供应日趋均衡。设施栽培具有栽培环境易于控制、产品质量好、受自然条件影响小、栽培期长、产量高、效益高，可以根据市场需求灵活调节生产时间和产品上市时间，避免产品的上市过于集中而影响经济收入，是辣椒高产高效栽培的发展方向。

2. 不同栽培形式需要不同类型品种　辣椒栽培方式与生产目的不同，对品种要求也不同，以适应辣椒规模化、集约化生产的发展。保护地冬、春季栽培要求早熟、耐寒、抗病性强、优质、高产等，保护地秋、冬季栽培要求生长势强、抗病性强、高产等，露地栽培要求抗逆、抗病性强等，南菜北运基地要求品种果实商品性好、耐贮运。

3. 高效栽培技术的集成与应用　在选择优质、多抗、专用的优良辣椒品种基础上，配套的高效、安全的生产技术将日趋完善，并形成相适应的操作管理规程。一些科技含量较高的生产技术将被普遍推广应用，如穴盘育苗技术、嫁接育苗技术、微滴灌技术、水肥一体化技术、无土栽培技术等，将逐渐在生产中得到集成与应用。

4. 辣椒产品的安全性越来越受到重视　近年来，人们对蔬菜的品质尤其是蔬菜质量的安全特别重视。为应对绿色贸易壁垒的更大挑战，辣椒的生产必须与其他蔬菜作物一样，在符合无公害标准的产地环境中，遵循无公害生产的生产流程，科学管理，确保辣椒产品的优质与安全。

5. 辣椒实行标准化生产已是大势所趋　随着市场经济的发展，辣椒生产正逐渐从一家一户的个体生产模式向规模化、集约化的生产模式发展，统一供种、统一育苗、统一管理、统一销售的产业模式将成为主流。辣椒实行标准化生产，可有效控制辣椒的产地环境，控制化肥、农药的使用，确保辣椒进行优质、安全、高效的生产，从而促使辣椒产业的可持续发展。

第二节　辣椒产区及栽培制度

一、辣椒产区

根据《全国蔬菜产业发展规划(2011—2020 年)》，综合考虑地理气候、区位优势等因素，将全国蔬菜产区划分为 6 个优势区域。

1. 华南与西南热区冬春蔬菜优势区域　包括 7 个省(自治区)，分布在海南、广东、广西、福建和云南南部、贵州南部以及四川攀西地区。本区域冬春季节气候温暖，有“天然温室”之称，1 月份(最冷月)平均气温≥10℃，可进行喜温果菜露地生产。本区辣椒生产，华南地区集中在 12 月份至翌年 3 月份上市，西南热区集中在 1～4 月份上市，丰富了北方地区尤其是寒冷的冬季市场供应。

2. 长江流域冬春蔬菜优势区域　包括 9 个省(直辖市)，分布在四川、重庆、湖北、湖南、江西、浙江、上海和江

苏中南部、安徽南部。本区域冬、春季节气候温和，1 月份平均气温≥4℃，可进行喜凉蔬菜露地栽培，是我国最大的冬春喜凉蔬菜生产基地。

3. 黄土高原夏秋蔬菜优势区域　包括 7 个省(自治区)，分布在陕西、甘肃、宁夏、青海、西藏、山西及河北北部地区。本区域适宜蔬菜生产的多为海拔 800 米以上的高原、平坝和丘陵山区，昼夜温差大，夏季凉爽，7 月份平均气温≤25℃，无需遮阳降温设施可生产多种蔬菜。本区辣椒生产集中在 7～9 月份上市，利用高原气候优势生产辣椒东运和南运，补充东部和南部地区的夏秋淡季甜椒的供应。

4. 云贵高原夏秋蔬菜优势区域　包括 5 个省(直辖市)，分布在云南、贵州和鄂西、湘西、渝东南与渝东北地区。本区域适宜蔬菜生产的多为海拔高度 800～2 200 米的高原、平坝和丘陵山区，夏季凉爽，有“南方天然凉棚”之称，7 月份平均气温≤25℃，无需遮阳降温设施可生产多种蔬菜。本区辣椒生产集中 7～9 月份上市，以线椒、干椒、朝天椒、羊角椒生产为主。

5. 北部高纬度夏秋蔬菜优势区域　包括 4 个省(自治区)，分布在吉林、黑龙江、内蒙古、新疆和新疆建设兵团。本区域纬度较高，夏季凉爽，7 月份平均气温≤25℃，无需遮阳降温设施可生产多种蔬菜。本区辣椒生产集中在6～10 月份上市，为京、津地区和东北各大城市夏秋淡季甜椒供应的主要来源，已经形成了我国夏、秋季部分辣椒产品南运产地。

6. 黄淮海与环渤海设施蔬菜优势区域 包括8个省（直辖市），分布在辽宁、北京、天津、河北、山东、河南及安徽中北部、江苏北部地区。本区域冬、春季的光、热资源相对丰富，距大城市近，适宜发展设施蔬菜生产。本区辣椒生产以温室、大棚等设施栽培为主，日光温室栽培集中在10月份至翌年6月份上市，塑料大棚栽培集中在4～6月份和9～11月份上市。

二、栽培制度

1. 辣椒的连作 辣椒保护地栽培，在实际生产中，由于受到地块、耕作条件、种植习惯等因素的制约，以及受到经济投入的限制，特别是在一些辣椒主产区，难以实行轮作制度，连作现象较为普遍。辣椒的连作常常导致土壤营养元素失调、有害物质增加、不良微生物群落产生、有害病虫积累，辣椒疫病、枯萎病、根结线虫等土传病害的发生，对辣椒的经济产量和生产效益均构成了严重的影响。

2. 辣椒的轮作 解决辣椒连作障碍最有效的措施就是轮作。在辣椒生产中，与其他蔬菜作物或大田作物轮作，对于改善土壤理化性质、保持土壤肥力、防止土传病害发生、提高土地利用率均有重要的作用，可有效提高辣椒生产的产量与产品的质量。辣椒轮作可采用“菜菜轮作”、“菜粮轮作”等方式，其中与大田作物进行水旱轮作效果最好，如“稻椒轮作”模式。

3. 辣椒的间作、混作、套作 辣椒与其他蔬菜作物、粮食作物、经济作物的间作、混作、套作，可以充分提高土地的利用效率，同时可以提高光能利用率，改善二氧化碳的供应，有利于不同作物对土壤营养的充分利用，发挥作物的边际优势，减轻病虫害的发生。露地辣椒生产的间作、混作、套作模式较多，如辣椒与玉米的间作、辣椒与西瓜间作、辣椒与小麦套作、辣椒与苘麻混作等。

第三节　产地环境要求

一、灌溉用水质量指标

灌溉用水的污染物主要包括氯化物、氰化物、氟化物、重金属、石油类污染物等，根据 GB 18407.1—2001《农产品安全质量　无公害蔬菜产地环境》，无公害辣椒生产灌溉用水质量指标应符合标准，见表 1-1。

表 1-1　灌溉用水质量指标

项　目	指　标	项　目	指　标
氯化物(毫克/升)	≤250	铅(毫克/升)	≤0.1
氰化物(毫克/升)	≤0.5	镉(毫克/升)	≤0.005
氟化物(毫克/升)	≤3.0	铬(六价)(毫克/升)	≤0.1
总汞(毫克/升)	≤0.001	石油类(毫克/升)	≤1.0
砷(毫克/升)	≤0.05	pH 值	5.5～8.5

二、空气环境质量指标

大气污染物的种类繁多，对环境质量影响较大的污染物有总悬浮颗粒物、二氧化硫、氮氧化物、氟化物等，根据 GB 18407.1—2001《农产品安全质量　无公害蔬菜产地环境》，无公害辣椒生产空气环境质量指标应符合标准，见表 1-2。

表 1-2　环境空气质量指标

项　目	指　标	
	日平均	1 小时平均
总悬浮颗粒物（标准状态）（毫克/米^3）	≤0.30	
二氧化硫（标准状态）（毫克/米^3）	≤0.15	≤0.50
氮氧化物（标准状态）（毫克/米^3）	≤0.10	≤0.15
氟化物（微克/分米^2·天）（月平均）	≤5.0	
铅（标准状态）（微克/米^3）	≤1.5	

三、土壤环境质量指标

土壤中的主要污染物有重金属、农药等，根据 GB 18407.1—2001《农产品安全质量　无公害蔬菜产地环境》，无公害辣椒生产土壤环境质量指标应符合标准，见表 1-3。

表 1-3　土壤环境质量指标

项　目	指　标		
	pH 值<6.5	pH 值 6.5～7.5	pH 值>7.5
总汞（毫克/千克）	≤0.3	≤0.5	≤1.0
总砷（毫克/千克）	≤40	≤30	≤25
铅（毫克/千克）	≤100	≤150	≤150
镉（毫克/千克）	≤0.3	≤0.3	≤0.6
铬（六价）（毫克/千克）	≤150	≤200	≤250
六六六（毫克/千克）	≤0.5	≤0.5	≤0.5
滴滴涕（毫克/千克）	≤0.5	≤0.5	≤0.5

第四节 肥料使用要求

一、辣椒对营养元素要求

1. 鲜椒生产 每生产1000千克鲜椒，大约需要吸收氮3.5～7.73千克、磷0.48～1.03千克、钾4～7.06千克、钙1.79～3.63千克、镁0.54～1.86千克，氮、磷、钾、钙、镁5种元素的平均吸收量比例为1∶0.13∶0.98∶0.48∶0.21。

2. 干椒生产 每生产100千克干椒，大约需要吸收氮9.64～11.24千克、磷0.97～1.04千克、钾7.24～9.04千克，氮、磷、钾3种元素的平均吸收比例为1∶0.1∶0.78。

二、无公害辣椒生产肥料种类

1. 农家肥料 农家肥是就地取材、就地使用的各种有机肥料。它由含有大量生物物质、动植物残体、排泄物、生物废物等积制而成，包括堆肥、沤肥、厩肥、沼气肥、绿肥、作物秸秆肥、泥肥、饼肥等。

(1)堆肥 以各类秸秆、落叶、山青、湖草为主要原料，并与人、畜粪尿和少量泥土混合堆制，经好气微生物分解而成的一类有机肥料。

(2)沤肥 所用物料与堆肥基本相同，只是在淹水条件下，经微生物厌氧发酵而成的一类有机肥料。

(3)厩肥 以猪、牛、马、羊、鸡、鸭等畜禽的粪尿为主与秸秆等垫料堆积，并经微生物作用而成的一类有机肥料。

(4)沼气肥 在密封的沼气池中,有机物在厌氧条件下经微生物发酵制取沼气后的副产物。主要由沼气水肥和沼气渣肥两部分组成。

(5)绿肥 以新鲜植物体就地翻压、异地施用或经沤制、堆制后而成的肥料。主要分为豆科绿肥和非豆科绿肥两大类。

(6)作物秸秆肥 以麦秸、稻草、玉米秸、豆秸、油菜秸等直接还田的肥料。

(7)泥肥 以未经污染的河泥、塘泥、沟泥、港泥、湖泥等经厌氧微生物分解而成的肥料。

(8)饼肥 以各种含油分较多的种子经压榨去油后的残渣制成的肥料,如菜籽饼、棉籽饼、豆饼、芝麻饼、花生饼、蓖麻饼等。

2. 商品肥料 按国家法规规定,受国家肥料部门管理,以商品形式出售的肥料。包括商品有机肥、腐殖酸类肥、微生物肥、有机复合肥、无机(矿质)肥、叶面肥等。

(1)商品有机肥料 以大量动植物残体、排泄物及其他生物废物为原料,加工制成的商品肥料。

(2)腐殖酸类肥料 以含有腐殖酸类物质的泥炭(草炭)、褐煤、风化煤等经过加工制成含有植物营养成分的肥料。包括微生物肥料、有机复合肥、无机复合肥、叶面肥等。

(3)微生物肥料 以特定微生物菌种培养生产的含活微生物的制剂。根据微生物肥料对改善植物营养元素的不同,主要有根瘤菌肥料、固氮菌肥料、磷细菌肥料、硅

酸盐细菌肥料、复合微生物肥料。

(4)有机复合肥　经无害化处理后的畜禽粪尿及其他生物废物加入适量的微量营养元素制成的肥料。

(5)无机(矿质)肥料　矿物经物理或化学工业方式制成养分呈无机盐形式的肥料，包括矿物钾肥和硫酸钾、矿物磷肥(磷矿粉)、煅烧磷酸盐(钙镁磷肥、脱氟磷肥)、石灰、石膏、硫磺等。

(6)叶面肥料　喷施于植物叶片并能被其吸收利用的肥料，叶面肥料中不得含有化学合成的植物生长调节剂，包括含微量元素的叶面肥和含植物生长辅助物质的叶面肥料等。

(7)有机无机肥(半有机肥)　有机肥料与无机肥料通过机械混合或化学反应而成的肥料。

(8)掺合肥　在有机肥、微生物肥、无机(矿质)肥、腐殖酸肥中按一定比例掺入化肥(硝态氮肥除外)，并通过机械混合而成的肥料。

(9)其他肥料　不含有毒物质的食品、纺织工业的有机副产品，以及骨粉、骨胶废渣、氨基酸残渣、家禽家畜加工废料、糖厂废料等有机物料制成的肥料。

三、辣椒生产施肥原则

1. 测土配方施肥　在辣椒生产过程中，以土壤测试和肥料田间试验为基础，根据辣椒需肥规律、土壤供肥性能和肥料效应，在合理施用有机肥料的基础上，提出氮、磷、钾及中、微量元素等肥料的施用数量、施肥时期和施用方法。测土配方施肥技术的核心是调节和解决作物需肥与土壤供肥之间的矛盾，同时有针对性地补充作物所需的营养元素，实现各种养分平衡供应，满足作物的需要。测土配方施肥有利于减少肥料用量，提高肥料利用率，提高产量和改善产品品质。

2. *合理增施有机肥*　有机肥营养成分齐全，含有丰富的有机质、腐殖质、多种矿质营养元素和大量微生物，能满足辣椒对各种营养成分的需求，有利于均衡营养生长和生殖生长，有利于增加单位面积产量和改善果实商品性，有利于辣椒优质生产。同时，增施有机肥，可改良土壤，提高土壤肥力，也可减少辣椒生产病虫危害，特别可以控制连作茬口的土传性病害。

3. *适量施用生石灰*　辣椒对土壤的酸碱性反应敏感，在中性或微酸性（pH 值 6.2～7.2）的土壤上生长良好。当土壤 pH 值为 6 以下时，辣椒生长发育不良，同时有利于辣椒青枯病等病害的发生。适时施用生石灰对改善土壤环境、减少土传病害具有较好作用。一般每 667 米^2 施用生石灰 50～100 千克，施用时期应掌握在辣椒定植前 10～20 天为宜。

四、无公害辣椒生产施肥注意事项

1. *严禁施用未腐熟的农家肥*　未腐熟的有机肥一般不能通过根系直接吸收利用，且含有多种病原微生物、寄生虫、各类害虫蛹、卵等。一方面这些病原微生物多玷污在蔬菜的表面或侵入其内部，食用后致人发病；另一方面造成蔬菜等病虫害严重，给防治造成困难，增加用药次数，不利于无公害蔬菜生产。因此，未腐熟的人粪尿、畜禽粪便、秸秆等有机肥必须经过堆沤充分腐熟后再施入菜田。根据NY/T 394—2000《绿色食品　肥料使用准则》绿色食品(A级)有机肥卫生标准要求,无公害辣椒生产所用有机肥应符合指标,见表1-4。

表1-4　绿色蔬菜生产用有机肥卫生指标

肥料种类	项　目	卫生标准及要求
高温堆肥	堆肥温度	最高温度达50℃～55℃,持续5～7天
	蛔虫卵死亡率	95%～100%
	粪大肠菌值	10^{-1}～10^{-2}
	苍蝇	有效地控制苍蝇滋生,肥堆周围没有活的蛆,蛹或新羽化的成蝇
沼气发酵肥	密封贮存期	30天以上
	高温沼气发酵温度	53℃±2℃持续2天
	寄生虫卵沉降率	95%以上
	血吸虫卵和钩虫卵	在使用粪液中不得检出活的血吸虫卵和钩虫卵
	粪大肠菌值	普通沼气发酵10^{-4},高温沼气发酵10^{-1}～10^{-2}
	蚊子、苍蝇	有效地控制蚊蝇滋生,粪液中无孑孓,池的周围无活的蛆、蛹或新羽化的成蝇
	沼气池残渣	经无害化处理后方可用作农肥

2. 禁止使用重金属含量超标的肥料　如重金属超标的磷肥、复混肥、微量元素肥料及有机肥、有机复合肥、有机生物肥等,以防给蔬菜和人体造成危害。经检测铅、汞、镉等重金属含量超标的肥料,一律不准用于蔬菜生产。

3. 严禁施用生活垃圾及工业垃圾　禁止使用城乡生活垃圾、医院的粪便垃圾和含有害物质(如毒气、病原微生物,重金属等)的工业垃圾。医院粪便中含有多种病毒、病原菌、寄生虫及害虫蛹、卵,工业垃圾中一般含有镉、砷、汞、铬等重金属元素,均会对人体健康造成危害。

第五节 农药使用要求

一、无公害辣椒生产禁用农药品种

有机磷、有机氯、无机砷等农药剧毒、高毒、高残留、致癌、致畸,易造成环境污染,对人体健康危害极大,在无公害辣椒生产中严禁使用。农业部公布了禁止使用的农药和不得在蔬菜上使用的高毒农药品种清单。

1. 国家明令禁止使用的农药　六六六,滴滴涕,毒杀芬,二溴氯丙烷,杀虫脒,二溴乙烷,除草醚,艾氏剂,狄氏剂,汞制剂,砷、铅类,敌枯双,氟乙酰胺,甘氟,毒鼠强,氟乙酸钠,毒鼠硅等。

2. 蔬菜生产中不得使用和限制使用的农药　甲胺磷,甲基对硫磷,对硫磷,久效磷,磷胺,甲拌磷,甲基异柳磷,特丁硫磷,甲基硫环磷,治螟磷,内吸磷,克百威,涕灭威,灭线磷,硫环磷,蝇毒磷,地虫硫磷,氯唑磷,苯线磷等。

二、无公害辣椒生产常用杀菌剂

在辣椒生产过程中,根据病毒性病害、真菌性病害、细

菌性病害病原菌种类、发生规律，选择使用合适的杀菌剂。

1. 微生物类　2亿个活孢子/克木霉菌可湿性粉剂，2%宁南霉素水剂，72%硫酸链霉素可溶性粉剂，硫酸链霉素·土霉素可湿性粉剂等。

2. 防病毒类　0.5%菇类蛋白多糖水剂，10%混合脂肪酸水乳剂，1.5%烷醇·硫酸铜水乳剂，20%吗胍·乙酸铜可湿性粉剂，磷酸三钠等。

3. 含铜类　硫酸铜，77%氢氧化铜可湿性粉剂，77%硫酸铜钙可湿性粉剂，50%琥胶肥酸铜可湿性粉剂，50%琥铜·甲霜灵可湿性粉剂，60%琥铜·乙膦铝可湿性粉剂，14%络氨铜水剂，47%春雷·王铜可湿性粉剂，78%波尔·锰锌可湿性粉剂等。

4. 无机类　高锰酸钾，硫磺等。

5. 有机硫类　70%代森锰锌可湿性粉剂，58%甲霜·锰锌可湿性粉剂，64%噁霜·锰锌可湿性粉剂，80%福·福锌可湿性粉剂，40%福美·拌种灵可湿性粉剂等。

6. 有机磷类　20%甲基立枯磷乳油，40%三乙膦酸铝可湿性粉剂，80%三乙膦酸铝可湿性粉剂等。

7. 取代苯类　50%甲基硫菌灵可湿性粉剂，70%甲基硫菌灵可湿性粉剂，25%甲霜灵可湿性粉剂，45%百菌清烟剂，75%百菌清可湿性粉剂等。

8. 杂环类　50%多菌灵可湿性粉剂，60%多菌灵盐酸盐可湿性粉剂，50%苯菌灵可湿性粉剂，15%噁霉灵水剂，10%腐霉利烟剂，50%腐霉利可湿性粉剂，50%异菌脲可湿性粉剂等。

9. 其他类 72.2%霜霉威盐酸盐水剂,20%三唑酮乳油,40%氟硅唑乳油,30%氟菌唑可湿性粉剂等。

三、无公害辣椒生产常用杀虫剂

在辣椒生产过程中,优先选用植物源生物农药、微生物源生物农药防治虫害,禁止使用高毒、高残留的化学农药。

1. 植物源类 3%除虫菊乳油,1%苦参碱可溶性液剂,0.3%印楝素乳油,10%烟碱乳油等。

2. 微生物源类 100 亿个芽孢/毫升苏云金杆菌悬浮剂,3%除虫菊乳油,10 亿个病毒体/克棉铃虫核型多角体病毒可湿性粉剂,10 亿个病毒体/克斜纹夜蛾核型多角体病毒可湿性粉剂,1.8%阿维菌素乳油,2.5%多杀霉素悬浮剂,10%浏阳霉素乳油,1.5%苜核・苏云菌悬浮剂,20 亿个芽孢/克金龟子绿僵菌粉剂,40 亿个芽孢/克布氏白僵菌粉剂等。

3. 氨基甲酸酯类 50%抗蚜威可湿性粉剂,20%异丙威烟剂等。

4. 昆虫生长调节剂类 10%灭蝇胺悬浮剂等。

5. 其他类 10%吡虫啉可湿性粉剂,5%啶虫脒可湿性粉剂,5%噻虫嗪水分散粒剂,10%烯啶虫胺水剂等。

6. 杀螨剂 15%哒螨灵乳油,5%噻螨酮乳油,73%炔螨特乳油等。

7. 杀线虫剂 98%棉隆微粒剂,40%威百亩水剂等。

第六节　优质辣椒产品标准

一、无公害食品、绿色食品、有机食品

1. 无公害食品　无公害食品指产地生态环境清洁，按照特定的技术操作规程生产，将有害物含量控制在规定标准内，并由授权部门审定批准，允许使用无公害标志的食品。无公害食品注重产品的安全质量，其标准要求不是很高，涉及的内容也不是很多，适合我国当前的农业生产发展水平和国内消费者的需求。我国辣椒无公害产品执行 NY 5005—2008《无公害食品　茄果类蔬菜》。

2. 绿色食品　根据中华人民共和国农业行业标准，绿色食品是指遵循可持续发展原则，按照特定生产方式生产，经专门机构认定，许可使用绿色食品标志，无污染的安全、优质、营养类食品。我国规定绿色食品分为 AA 级和 A 级两类。

(1)A 级绿色食品　在生产过程中允许限量使用限定的化学合成物质，其余与 AA 级相同。绿色食品标准目前主要应用于国内一些大中型蔬菜超市、专卖店、蔬菜加工出口企业等的蔬菜生产。

(2)AA 级绿色食品　是指在生态环境质量符合规定标准的产地，生产过程中不使用任何有害化学合成物质，按特定的生产操作规程生产、加工，产品质量及包装经检测、检查符合特定标准，经中国绿色食品发展中心认定并允许使用绿色食品标志的产品。AA 级绿色食品相当于

国际上通用的有机食品标准。

3. 有机食品 有机食品是根据有机农业和有机食品生产、加工标准或生产、加工技术规范而生产、加工，并经有机食品认证组织认证的一切农副产品。

有机食品的生产环境无污染，在原料的生产和加工过程中不使用农药、化肥、植物生长调节剂和色素等化学合成物质，不采用基因工程技术，应用天然物质和对环境无害的方式生产、加工形成的环保型安全食品，属于真正的源于自然、富营养、高品质的安全环保生态食品。

我国的有机食品生产当前正处在快速发展时期，产品主要用于出口，经济效益相对较高。

二、无公害辣椒产品要求

1. 感官要求 根据 NY 5005—2008《无公害食品 茄果类蔬菜》，无公害辣椒产品感官要求应符合标准。同一品种或相似品种；果实已充分发育，种子已形成；果形只允许有轻微的不规则，并不影响果实的外观；果实新鲜、清洁；无腐烂、异味、灼伤、冻害、病虫害，允许有少量机械伤。每批次样品中不符合感官要求的按质量计，总不合格率不应超过 5%，其中腐烂、异味和病虫害不应检出（腐烂和病虫害为主要缺陷）。同一批次样品规格允许误差应小于 10%。

2. 安全指标 根据 NY 5005—2008《无公害食品 茄果类蔬菜》，无公害辣椒产品安全指标应符合标准，见表 1-5。其他有毒有害物质的限量应符合国家有关的法律、法规、行政规范和强制性标准的规定。

表 1-5 无公害辣椒产品安全指标

项　目	指　标	项　目	指　标
乐果(毫克/千克)	≤0.5	联苯菊酯(毫克/千克)	≤0.5
敌敌畏(毫克/千克)	≤0.2	氯氟氰菊酯(毫克/千克)	≤0.5
辛硫磷(毫克/千克)	≤0.05	百菌清(毫克/千克)	≤5
毒死蜱(毫克/千克)	≤0.5	多菌灵(毫克/千克)	≤0.1
氯氰菊酯(毫克/千克)	≤0.5	铅(以 Pb 计)(毫克/千克)	≤0.1
溴氰菊酯(毫克/千克)	≤0.2	锡(以 Cd 计)(毫克/千克)	≤0.05
氰戊菊酯(毫克/千克)	≤0.2	亚硝酸盐(以 $NaNO_2$ 计)(毫克/千克)	≤4

3. 包装　根据 NY 5005—2008《无公害食品　茄果类蔬菜》,用于辣椒产品包装的容器如塑料箱、纸箱等应按产品的大小规格设计,同一规格应大小一致,整洁、干燥、牢固、透气、美观、无污染、无异味,内壁无尖突物,无虫蛀、腐烂、霉变等,纸箱无受潮、离层现象。塑料箱应符合 GB/T 8868—1988《蔬菜塑料周转箱》的要求。按产品的规格分别包装,同一包装内的产品需摆放整齐紧密。

4. 运输　根据 NY 5005—2008《无公害食品　茄果类蔬菜》,辣椒产品运输前应进行预冷,运输过程中要保持适当的温度和湿度。注意防冻、防雨淋、防晒、通风散热,不应与有毒、有害物质混运。贮存温度 8℃～10℃,空气相对湿度保持在 85%～90%。库内堆码应保证气流均匀流通。

第二章

辣椒新优品种

第一节　辣椒品种

1. 苏椒17号　江苏省农业科学院蔬菜研究所育成。早熟，植株生长势强，株高60厘米左右，开展度55厘米左右。果实长灯笼形，果长10.3厘米左右，果肩宽4.8厘米，果肉厚0.27厘米，单果重45克以上，青熟果绿色，微辣，品质佳。耐低温、耐弱光性好，适合长江中下游、黄淮海等地区作冬、春季保护地栽培。

2. 苏椒16号　江苏省农业科学院蔬菜研究所育成。早熟，始花节位9.6节，植株生长势强。果实长灯笼形，果长15～16厘米，果肩宽4.8厘米，果肉厚0.3厘米，平均单果重62.1克，青熟果绿色，成熟果红色，果面光滑，微辣，品质好。抗青枯病、疫病，耐低温耐弱光性好，抗逆性较强，前期产量高，适合长江中下游、黄淮海等地区作冬、春季保护地栽培。

3. 苏椒11号　江苏省农业科学院蔬菜研究所育成。早熟，始花节位7节，植株半开展，分枝能力强。果实长灯笼形，果长10～12厘米，果肩横径5厘米，肉厚0.4厘米，单果重80克左右，绿色，果面光滑，光泽好，味微辣，鲜果维生素C含量1 151毫克/千克，品质极佳。抗病毒病和炭疽病，耐低温弱光，适合长江中下游、黄淮海等地区作冬、春季保护地栽培。

4. 苏椒5号博士王　江苏省农业科学院蔬菜研究所育成。早熟，植株分枝性强，连续结果性强，膨果速度快。果实长灯笼形，平均单果重40克，大果重65克以上，淡绿色，微皱，有光泽，微辣，品质极佳。耐低温弱光，适应性广，适合长江中下游、黄淮海等地区作冬、春季保护地栽培及南菜北运基地作露地栽培。

5. 中椒 106 号　中国农业科学院蔬菜花卉研究所育成。中早熟，生长势强，定植后 4～5 周即可采收。果实粗牛角形，纵径 15 厘米，横径 5 厘米，单果重 50～60 克，大果重可达 100 克以上，果色绿，生理成熟后亮红色，果面光滑，微辣，品质优良。抗病毒病，中抗疫病，耐热，田间抗逆性强，耐贮运，适合全国各地栽培。

6. 国福 308　北京市农林科学院蔬菜研究中心育成。早熟，株型紧凑，生长势强，连续坐果能力强。果实牛角形，果长 30 厘米，果肩宽 5 厘米，单果重 140 克左右，青熟果黄绿色，老熟果红色，近果柄处略有皱褶，果面光亮，辣味适中，品质佳。抗烟草花叶病毒，中抗黄瓜花叶病毒，耐低温弱光，耐贮运，适合设施长季节栽培。

7. 京辣 8 号　北京市农林科学院蔬菜研究中心育成。中熟，生长势强，连续坐果能力强。果实牛角形，纵径 16 厘米左右，横径 4.6 厘米左右，单果重 130 克左右，青熟果翠绿色，生理成熟果红色，果面光亮，辣味适中。鲜果维生素 C 含量 943 毫克/千克，可溶性糖含量 2.58%，可溶性固形物含量 4.6%。抗烟草花叶病毒，中抗黄瓜花叶病毒，耐贮运，适宜露地及设施栽培。

8. 兴蔬羽燕　湖南省蔬菜研究所育成。中晚熟，首花节位 11～12 节，植株生长势强，坐果率高，连续坐果性强。果实牛角形，果长 20 厘米，横径 4.1 厘米，肉厚 0.4

厘米，单果重70克左右，青熟果深绿色，生物成熟果红色，果直，果表面光滑有光泽，辣味中等，鲜食口感好，品质佳。抗炭疽病，耐疫病、病毒病，抗逆性强，适宜湖南等地区露地种植。

9. 福湘锦秀　湖南省蔬菜研究所育成。中熟，始花节位10～11节，植株较紧凑，株高75厘米，株幅60厘米，分枝能力较强。果实粗牛角形，果长20厘米，果肩宽5厘米，肉厚0.5厘米，单果重150克左右，青熟果绿色，老熟果鲜红色，果面光滑。抗病能力强。

10. 福湘探春　湖南省蔬菜研究所育成。早熟，始花节位8～9节，植株半开张，分枝能力较强，坐果多。果实粗牛角形，果长15厘米，果肩宽5厘米，肉厚0.35厘米，单果重60克左右，浅绿色，果面微皱。抗病能力强，较耐寒，适合保护地栽培。

11. 兴蔬羽燕　湖南省蔬菜研究所育成。中晚熟，始花节位11～12节，植株生长势较旺，坐果率高，连续挂果性强。果实牛角形，果长18.3厘米，横径3.4厘米，肉厚0.4厘米，单果重60克左右，青熟果为深绿色，成熟果鲜红色，果形较直，果面光亮，辣味中等，鲜食口感好。鲜果维生素C含量1 615毫克/千克，全糖含量3.4%，辣椒素含量0.19%，干物质含量13.2%。抗炭疽病，耐疫病、病毒病，抗逆性强。

12. 美玉　湖南湘研种业有限公司育成。中熟，植株生长势强，枝条硬，连续坐果性强，前、后期果实一致性好。果实长粗牛角形，果长18厘米，横径6.5厘米，果肉厚 0.4 厘米，单果重 160 克左右，青果绿色，果尖钝圆，光亮，辣味适中，肉软质脆。抗性强，产量高，耐贮运。

13. 湘研 806　湖南湘研种业有限公司育成。中晚熟，生长势强，枝条硬，连续坐果性强，果实一致性好。果实粗长牛角形，果长 17 厘米，横径 5.4 厘米，果肉厚 0.3 厘米，单果重 125 克左右，青果绿色，果尖钝圆，味微辣。抗病性好，产量高，适宜鲜食或酱制加工。

14. 渝椒 5 号　重庆市农业科学研究所育成。中早熟，始花节位 10～12 节，株型紧凑，植株生长势强，株高 50～55 厘米，开展度 50～60 厘米，坐果率高，结果期长。果实长牛角形，果长 20～25 厘米，横径 3.5～4 厘米，单果重为 40～60 克，嫩果浅绿色，熟果深红色，转色快，着色均匀，味微辣带甜，脆嫩，口味好。中抗疫病和炭疽病，抗逆性强，耐贮运，可作春季、秋延后和高山种植，也适于南菜北运生产基地种植。

15. 状元红　河南开封市辣椒研究所育成。中早熟，枝条直立，长势健壮，抗倒伏，一次性挂果较多。果实粗长牛角形，果长 18～22 厘米，横径约 6 厘米，肉厚 0.4 厘米，一般单果重 120～160 克，大果可达 200 克以上，辣味中等。抗病性强，耐热，产量高，耐贮运，适宜早春和秋季保护地作红椒栽培。

16. 洛椒 9 号　河南省洛阳市辣椒研究所育成。始花节位8～10 节，株型紧凑，坐果集中，果实膨大速度快。果实为粗牛角形，果长 16～18 厘米，横径 5～7 厘米，肉厚 0.3～0.35 厘米，单果重 100～150 克，大果重 200 克以

上，果顶钝圆，略有纵褶，表皮极薄，味微辣，口感佳。适宜作早春保护地栽培。

17. 鄂红椒 108　湖北省农业科学院经济作物研究所育成。中早熟，始花节位 9～10 节，植株生长势中等。果实粗牛角形，果长 18～20 厘米，横径 4～5 厘米，果肉厚 0.5 厘米，一般单果重 100～150 克，青果绿色，红果鲜红色，果面光滑，果肩部不凹陷，味微辣，品质佳。抗病性强，产量高，耐贮运，适于长江中下游地区作早春、秋延后及高山地区红椒栽培。

18. 国福 208　北京市农林科学院蔬菜研究中心育成。中早熟，生长势强，连续坐果能力强。果实羊角形，果纵径 27 厘米左右，横径 3.6 厘米左右，单果重 100 克左右，青熟果绿色，生理成熟果红色，顺直，果面光亮，辣味适中。抗烟草花叶病毒，中抗黄瓜花叶病毒，耐贮运，适于华南地区露地种植。

19. 兴蔬绿冠　湖南省蔬菜研究所育成。中熟，坐果性好。果实长牛角形，果长 22 厘米左右，横径 3 厘米左右，肉厚 0.36 厘米，青果绿色，生物成熟果鲜红色，果直，果面光滑。空腔小，耐贮运，适于南菜北运生产基地中熟丰产栽培。

20. 粤椒 3 号　广东省农业科学院蔬菜研究所育成。中晚熟，始花节位 10 节左右，植株生长势强。果实羊角形，果长 16.5 厘米，横径 2.3 厘米，果肉厚 0.3 厘米，平均单果重 29 克，果皮深绿色，果条直，光泽度好。鲜果维生素 C 含量 1 675 毫克/千克。抗病毒病、疫病，耐涝，耐贮运，适宜在广东、海南作露地种植。

21. 辣优 12 号　广州市农业科学院育成。中熟，植株生长势强，持续采收时间长。果实长牛角形，果长 18 厘米，横径 3.5 厘米，单果重 55 克左右，果肉厚，青熟果深绿色，果条直，果面光滑，辣味中等。耐热，耐运输。适合耐高温越夏、秋延后栽培。

22. 辣优 15 号　广州市农业科学院育成。早中熟，始花节位 9～10 节，植株生长势强。果实长羊角形，果长 17.8 厘米，横径 2.82 厘米，肉厚 0.32 厘米，单果重 36.9～38.6 克，青果绿色，熟果大红色，果面光滑，无棱沟，有光泽，果顶部细尖。鲜果维生素 C 含量 1 140 毫克/千克。中抗青枯病，抗疫病，抗逆性强，适宜广东等地区春、秋季种植。

23. 海椒 5 号　海南省农业科学院蔬菜研究所育成。中早熟，植株生长势中等，株高 60～70 厘米，开展度 55～65 厘米，坐果集中，单株挂果 25～30 个。果实粗羊角形，果长 20～25 厘米，果肩宽 3.5～4.5 厘米，果肉厚 0.4～0.5 厘米，单果重 55～65 克，青熟果黄绿色，果条匀直，果表面光滑，味辣而不烈，肉质细软。抗病毒病，高抗炭疽病，适宜在海南、广东、广西等南菜北运基地栽培。

24. 汴椒极早　河南省开封市辣椒研究所育成。极早熟，植株生长健壮，坐果多，果实膨大速度快。果实长灯笼形，果长 17 厘米，果肩宽 4～5 厘米，红果鲜艳，绿色，微皱，光亮，微辣，皮薄，口感脆。抗病，产量高，适合长江流域及南菜北运基地作保护地栽培。

25. 高山薄皮王　湖北省蔬菜科学研究所育成。早熟,持续结果性强,膨果速度快,前后期果实大小基本一致。果实长灯笼形,果长17～19厘米,果横径5～6厘米,一般单果重70～90克,浅绿色,果皮皱,微辣,皮薄质脆。抗病性强。

26. 渝椒12号　重庆市农业科学院蔬菜花卉研究所育成。早熟,始花节位8.8节,株型较开展,株高59.5厘米,开展度57.3厘米,从定植到始采青椒56天。果实长灯笼形,果长14.7厘米,横径5.7厘米,果肉厚0.42厘米,单果重112克左右,青椒绿色,果面较光滑,有纵棱。适宜重庆地区作早春地膜覆盖栽培。

第二节　甜椒(彩色椒)品种

1. 中椒105号　中国农业科学院蔬菜花卉研究所育成。中早熟,始花节位9～10节,生长势强,连续结果性好,定植后35天开始采收。果实灯笼形,纵径10厘米,横径7厘米,3～4个心室,单果重100～120克,果色浅绿,果面光滑,果肉脆甜,品质优良。抗烟草花叶病毒,中抗黄瓜花叶病毒,抗逆性强,丰产、稳产,适于南菜北运基地及全国露地种植。

2. 中椒107号　中国农业科学院蔬菜花卉研究所育成。早熟,植株生长势中等,株型较紧凑,定植后30天左右开始采收。果实灯笼形,纵径8.8厘米,横径7.4厘米,3～4个心室,平均单果重150～200克,淡绿色,成熟果实红色,果肉脆甜。抗烟草花叶病毒,中抗黄瓜花叶病毒与疫病，适于保护地早熟栽培及露地栽培。

3. 中椒108号　中国农业科学院蔬菜花卉研究所育成。中熟，植株生长势中等，从始花至采收约40天左右。果实方灯笼形，果色绿，果面光滑，果长11厘米，果肩宽9厘米，肉厚0.6厘米，4心室果比率高，单果重180～220克，果实商品性好，商品率高。抗病毒病，耐疫病，耐贮运，货架期长，适宜广东、海南等地区露地栽培或北方冬春茬塑料大棚栽培。

4. 国禧109　北京市农林科学院蔬菜研究中心育成。中早熟，植株生长健壮，持续坐果能力强，坐果多。果实大方灯形，果长12厘米，横径9.3厘米，单果重180～320克，商品果淡绿色，商品率高，品质佳。抗病，产量高，耐贮运，适宜南菜北运基地露地种植。

5. 京甜1号　北京市农林科学院蔬菜研究中心育成。中早熟，持续坐果能力强。果实粗圆锥形，纵径14～16厘米，横径5.8～6.5厘米，单果重90～150克，嫩果淡绿色，成熟时红色，果表光滑，光泽亮，果肉厚，椒红素含量高。中抗疫病，抗病毒病和青枯病，耐热，耐湿，适于云南、四川等西南地区拱棚及露地种植。

6. 京甜3号　北京市农林科学院蔬菜研究中心育成。中早熟，始花节位9～10节，生长势健壮，耐低温性较好，持续坐果能力强，果形保持很好。果实方灯笼形，果长10厘米，果肩宽9厘米，4心室为主，单果重160～250克，嫩果绿色，果表光滑。高抗烟草花叶病毒和黄瓜花叶病毒，抗青枯病，耐疫病，适于北方和南菜北运基地

种植。

7. 苏椒 13 号　江苏省农业科学院蔬菜研究所育成。早中熟,始花节位 7～9 节,植株半开展,分枝能力强,坐果能力强。果实高灯笼形,纵径 11.3 厘米,横径 7.1 厘米,肉厚 0.5 厘米,平均单果重 135 克,青熟果绿色,老熟果鲜红色,果面光滑,光泽好,味甜,品质佳。抗病毒病,高抗炭疽病,耐低温,耐弱光照,适宜长江中下游地区保护地栽培。

8. 红罗丹　引自瑞士先正达。中熟,节间短,生长势中等,耐寒,连续坐果能力强,适应性广,坐果率高。果实长方形,纵径 15 厘米,横径 9 厘米,4 心室居多,果肉厚,单果重 200 克左右,果色鲜绿,成熟时转为红色,光滑。适宜越冬和秋延后栽培。

9. 红英达　引自瑞士先正达。中熟,连续结果能力强,坐果容易,收获时间集中。果实方形,果实高 10 厘米,宽 10 厘米,果肉厚,单果重 200 克左右,深绿色,成熟后转为深红色,果皮光滑。抗烟草花叶病毒,耐马铃薯病毒及生理紊乱,适宜早春、秋延后和越冬保护地种植。

10. 白公主　引自瑞士先正达。始花节位 10 节,株高 170 厘米,株幅 50 厘米。果实方形,果纵径 10 厘米,横径 10 厘米,果肉厚 0.6 厘米,单果重 170 克左右,幼果和商品果均为蜡白色,果面光滑,肉质脆嫩。抗病,耐贮运,适宜保护地冬春茬和早春茬栽培。

11. 桔西亚　引自瑞士先正达。植株生长旺盛,坐果能力强。果实方形,果长 10 厘米,直径 10 厘米,多为 4 心室，平均单果重 200 克，成熟时由绿色转为鲜艳的橘黄色。适宜保护地越冬茬种植。

12. 黄欧宝　引自瑞士先正达。中早熟，在冷凉条件下坐果良好。果实方形，果实平均长 10 厘米，宽 9 厘米，果肉中厚，单果重 150 克左右，青熟果绿色，商品成熟时转为明黄色。适宜保护地越冬茬种植。

13. 紫贵人　引自瑞士先正达。始花节位 9 节，耐低温弱光，株型紧凑，生长势中等，适合密植。果实方形，果纵径 11 厘米，横径 8 厘米，肉厚 0.5 厘米，平均单果重 150 克，幼果和成熟果均为紫色，果面光滑，口感甘甜。抗病，适宜保护地冬春和早春茬栽培。

14. 格兰特　引自荷兰瑞克斯旺种子公司。植株开展度大，生长旺盛。果实长方形，果长 12～14 厘米，单果重 250～300 克，大果重 500 克以上，果肉厚，成熟时颜色鲜红，果实外表光亮。抗烟草花叶病毒，耐寒性好，耐贮运，适宜保护地冬春茬栽培。

15. 黄太极　引自荷兰瑞克斯旺。中熟，植株开展度大，生长能力强，节间短，坐果率高。果实灯笼形，果实纵径 8～10 厘米，横径 8～10 厘米，单果重 200～250 克，成熟时果色由绿色转为黄色，果面光滑，外表光亮。抗烟草花叶病毒病，适于冬暖式温室和早春大棚种植。

第三节　线椒品种

1. 国福 403　北京市农林科学院蔬菜研究中心育成。生长势强，植株有短茸毛，连续坐果能力强。果实长

灯笼形，纵径24厘米左右，横径1.7厘米左右，单果重24克左右，青熟果深绿色，成熟果红色，果面光亮，辣味浓。青熟果维生素C含量1 110毫克/千克，可溶性糖含量2.48%，可溶性固形物含量5.2%。高抗烟草花叶病毒，抗黄瓜花叶病毒，耐贮运，适宜露地栽培。

2. 博辣红帅　湖南省蔬菜研究所育成。中熟，始花节位13节，连续坐果能力强。果实线形，果长22厘米左右，横径2厘米左右，肉厚0.2厘米，单果重30克左右，青熟果绿色，成熟果鲜红色，果表光亮，果直少皱，味辣，风味好。抗炭疽病，耐疫病、病毒病，抗高温，耐湿能力强，适于嗜辣地区作加工盐渍、酱制栽培或鲜食丰产栽培。

3. 兴蔬301　湖南省蔬菜研究所育成。早熟，始花节位9～11节，生长势中等，株型紧凑，挂果集中。果实细长羊角形，果长19～23厘米，果粗1.8～2.1厘米，肉厚0.2厘米，单果重20～25克，青熟果绿色，老熟果深红色，微皱，味香辣。抗病，耐热，适应性广，高产，鲜食、加工均可。

4. 湘妃　湖南湘研种业有限公司育成。中熟，第一开花节位10～12节，植株生长势强，株型高大，植株挂果能力强，连续结果性好，果实生长速度快。果实长线形，果长23～26厘米，横径1.8厘米左右，果实浅绿色，果长而直，果肩部稍皱，味辣，香味浓，皮薄，肉质脆嫩，口感品质上等。耐湿热，综合抗性好，适应性广，适宜作露地栽培。

5. 辛香8号　江西省农望高科技有限公司育成。中早熟，株型紧凑，株高55厘米，株幅56厘米，分枝力强，连续坐果能力强，平均一次性结果60～70个。果实线形，果长22厘米，果粗1.7厘米，肉厚0.15厘米，单果重19克左右，果面光亮微皱，皮薄，辣味浓香。抗病，抗逆性强，抗倒伏，适应性广，产量高，适宜西南地区露地栽培。

6. 长辣5号　长沙市蔬菜科学研究所育成。中熟，始花节位11～12节，节间较密，生长势较强，株高64.7厘米，开展度67.8厘米。果实线形，果长20.6厘米，横径1.4～1.5厘米，果肉厚0.2厘米，平均单果重17.4克，青熟果浅绿色，成熟果鲜红色，微皱，果面光亮，味辛辣，质地脆。抗炭疽病、疫病、病毒病，较耐湿、耐旱，适宜湖南等地区露地种植。

7. 桂线6号　广西农业科学院蔬菜研究所育成。中熟，生长旺盛，叶片较小，深绿。果实线形，果长18～22厘米，果粗1～1.5厘米，青果深绿色，椒条顺直，表皮微皱，肉厚腔小，香辣。耐疫病，抗病毒病和炭疽病，丰产，可鲜食或加工，耐贮运，适宜南方秋冬栽培及北方露地栽培，越夏可作青红椒栽培。

8. 川腾6号　四川省农业科学院园艺研究所育成。早中熟，始花节位7～15节，株型紧凑，株高57.1厘米，株幅60厘米，结果集中，坐果能力强，从定植到始收红椒96天左右。果实长羊角形，果长19.8厘米，果粗1.6厘米，果肉厚0.21厘米，单果重16克左右，辣味中等，外观商品性好。中抗病毒病、疫病和炭疽病，抗褐斑病，中抗烟青虫和蚜线螨，抗蚜虫，抗热，抗涝，可作鲜食、干制与加工，适合四川等地露地种植。

9. 8819 线辣椒 陕西省农业科学院蔬菜研究所育成。中早熟，植株生长健壮，株型紧凑，株高 70 厘米，株幅 45～50 厘米，3～7 果簇生，挂果集中。果实线形，果长 15.2 厘米，横径 1.25 厘米，鲜果重 7.4 克，老熟后果色鲜红发亮。干椒率 19.8%，干燥后果面皱皮细密。抗病毒病、疫病、炭疽病、枯萎病，适应性广，可作干制和加工，适宜西南、华南等地区露地栽培。

10. 二金条 四川省地方品种。中早熟，株型半开展，植株较高大，株高 80～85 厘米，开展度 76～100 厘米，结果集中，定植至始收红椒约 115 天。果实细长羊角形，果长 10～12 厘米，横径 1 厘米，单果鲜重 8～9 克，成熟时果实深红油亮，味辣，香浓。干椒率 20%左右。较耐病毒，适应范围广，适宜露地栽培。

第四节 朝天椒品种

1. 国塔 106 北京市农林科学院蔬菜研究中心育成。中晚熟，株型半直立，生长势旺，直把单生，持续坐果能力强。果实小圆塔形，果长 5～6 厘米，横径 3.2 厘米，单果重 12～15 克，青熟果绿色，成熟果红果鲜艳，干椒为深红色，高油质，辣味浓香。可用作川菜配料、火锅作料及加工腌制、制辣酱等，绿、红果均可采收。

2. 川腾 4 号 四川省农业科学院园艺研究所育成。早熟，始花节位 16 节左右，株型紧凑，植株矮小，株高 40 厘米，株幅 52 厘米，结果集中，挂果能力强。果实指形，果长 5.2 厘米，横径 1.6 厘米，果肉厚 0.15 厘米，单果重

4.1克左右，青熟果绿色，老熟果鲜红色，味极辣。抗病，抗寒，耐热，较耐涝，可作鲜食、加工和观赏，适合四川等地露地种植。

3. 黔辣5号　贵州省园艺研究所育成。早熟，株高77厘米，株幅59厘米，结果性好，单株挂果70个左右。果实单生直立向上生长，小羊角形，果长6.55厘米，横径1.25厘米，鲜果重4.2克，干重1.1克，干果色泽深红，味辛辣，商品性好。抗逆性强，高产，干鲜两用，适合贵州等地区栽培。

4. 鸡心辣　云南、贵州地方品种。无限分枝类型，假二杈分枝，株高90厘米，开展度40厘米左右。果实朝天散生，短宽圆锥形，果长2.7厘米左右，果粗1.5厘米左右，果实深红色，辣味极强。适合露地栽培。

5. 樱桃辣　云南省建水县地方品种。中熟，植株生长势中等，株高50厘米左右，开展度70厘米左右，坐果多。果实单生，果顶向上，小圆球形，似樱桃，果长2.1～2.4厘米，横径2.4～2.7厘米，肉厚0.2～0.4厘米，单果重7.5～10克，嫩熟果绿色，老熟果鲜红色，胎座大，种子较多，鲜果维生素C含量768.7毫克/千克，辣味很浓，有清香味。耐瘠薄耐旱，适应性强，鲜食、加工兼用，适合云南、贵州等地区露地栽培。

6. 日本三樱椒　引自日本。有限分枝类型，株型较紧凑，株高50～65厘米，开展度40～50厘米。果实朝天簇生，细指形，果长5厘米左右，果横径1厘米左右，单果干重0.4克左右，果皮光滑油亮无皱缩，果顶尖而弯曲，似鹰嘴状，味极辣，辣椒素含量 0.8%左右，红色素含量 3%左右。适合露地栽培。

7. 枥椒一号 引自日本。无限分枝类型，株型紧凑，株高 80～100 厘米，开展度 30～40 厘米，适宜密度范围较大。果实朝天散生，椒尖钝圆似子弹头，果长 4.5 厘米，横径 1.2 厘米左右，单果干重 0.6 克左右，嫩熟果为绿色，老熟果为深红色，辣味强，香味浓。辣椒素含量 1%左右，红色素含量 3.5%左右，可用来提取红色素、辣椒素、辣椒碱。抗病，适应性广，适合地膜覆盖露地栽培。

第三章

辣椒育苗技术

第一节　育苗方法的选择

一、辣椒育苗的方式

1. 作坊式育苗方式　环境调控、生产管理以人工操作为主的育苗方式。作坊式育苗的特点是育苗规模较小、投资较少、设施简易、操作简便，易为农民接受。作坊式育苗的主要目的是自育自用，以商品苗向外销售的比例很少。目前，作坊式育苗仍是辣椒育苗的主要方式。随着农村经济合作社越来越普遍，育苗的投资也在逐渐加大，在某些辣椒主产区，出现了专门用于育苗的设施，作坊式的育苗方式正逐渐向工厂化育苗方式发展。

2. 工厂化育苗方式　在人工控制的环境条件下，按流水作业和标准化技术进行大批量辣椒育苗的生产方式。工厂化育苗的特点是育苗场地大、配套设施设备齐全、科技含量高。工厂化育苗较多采用连栋温室作为育苗场所，从播种到成苗全部采用机械化操作，可有效调节温、光、水、气、肥等育苗环境，全天候生产出健壮幼苗。工厂化育苗方式，改变了传统的一家一户的作坊式育苗方式，对推动辣椒产业的规模化、集约化发展具有重要的作用。

二、辣椒育苗的方法

1. 根据育苗设施分类　根据育苗设施的有无，将辣椒育苗分为保护地育苗和露地育苗。保护地育苗包括阳畦育苗、中棚育苗、大棚育苗、温室育苗等，按照对温度调节的要求不同，保护地育苗又可分为保温育苗和降温育苗。在长江中下游地区，冬、春季辣椒育苗常采用保温育苗方法，夏、秋季辣椒育苗常采用降温育苗方法。在温度较高的南方地区，通常采用露地育苗方式。

2. 根据育苗增温方式分类　依据增温方式及热源不同，辣椒育苗可分为冷床育苗和温床育苗。温床育苗，根据热源的不同，可分为酿热温床育苗、电热温床育苗、火热温床育苗、水热温床育苗等；冷床育苗只利用阳光增温，而没有其他热源。

3. 根据育苗基质分类　根据育苗基质不同，辣椒育苗可分为有土育苗和无土育苗。无土育苗利用营养液直接育苗或通过营养液、卵石、炉渣等育苗，是较先进的一种育苗方式。应用无土育苗，出苗快而齐，幼苗生长好，生长速度快，可比其他育苗方式提早1个多月成苗，而且可对幼苗生长的温度、光照、营养、水分等进行人工调节或自动控制。但无土育苗费用较高，而且需要掌握一定的技术，主要用于工厂化育苗。

4. 依据幼苗根系保护方法分类　根据幼苗根系保护方法的不同，辣椒育苗可分为营养块育苗、纸钵育苗、草钵育苗、塑料营养钵育苗、穴盘育苗等。目前辣椒生产中，主要采用塑料营养钵育苗与穴盘育苗这两种方法，其中穴盘育苗方法由于具有管理简便、育苗效率高、便于运输等优点，正逐渐取代塑料营养钵育苗方法。

5. 根据育苗繁殖器官分类　根据育苗繁殖器官的不

同，辣椒育苗可分为种子育苗法、嫁接育苗法等。在辣椒生产中，由于受到土地资源的限制，连作障碍严重，辣椒青枯病、辣椒疫病、辣椒根结线虫病等土传性病害发生严重，常常导致毁灭性损失，应用嫁接育苗则可有效解决这一问题，正逐渐为椒农接受与应用。

三、辣椒育苗方法的选用

在辣椒育苗生产中，往往是多种育苗方法的混合使用。椒农可根据经济投入、自然资源、设施设备条件，选择合适的育苗方法，如在长江中下游地区大棚春提早栽培育苗，往往选择保温性能好的日光温室、塑料大棚作为育苗设施；在增温方式上，除利用阳光外，多采用电热温床，以抵御深冬寒流的危害；在育苗基质的选用上，多采用商品化专用基质育苗；逐渐弃用塑料营养钵育苗方法，开始选用72孔或128孔的穴盘育苗；甜椒、彩色椒商品性极高，但是抗病性、抗逆性较弱，采用嫁接育苗栽培则可有效解决这一问题。

第二节　苗床建设

一、辣椒育苗设施

1. 塑料小棚育苗　是指跨度在3米以下、高度1～1.5米的塑料棚，多以毛竹片、细竹竿作为支架材料。利用小棚进行辣椒育苗时，将薄膜一侧用土压实，保温防风，另一侧用砖块压好，以便随时揭盖，通风换气。小拱棚育苗优点是建设成本低、棚内光照条件较好、昼夜温差大、有利于培育壮苗；小拱棚育苗的缺点是空间小、保温能力差、环境分布差异较大、容易出现苗床两侧与中间幼苗不一致的情况、育苗期相对较长。

2. 塑料大棚育苗　跨度 6 米以上、高度 2.5 米以上的塑料棚，有竹木结构大棚、水泥结构大棚、焊接钢结构大棚、镀锌钢管装配式大棚等多种类型。与塑料小棚相比，塑料大棚空间大、管理方便、光照强、升温快、保温性能好，有利于培育优质壮苗。深冬季与早春季辣椒育苗，多在塑料大棚内建设电热苗床，播种后搭建小拱棚，同时利用无纺布、保温被等配套材料，可有效降低冷害、冻害给育苗带来的风险。

3. 温室育苗　按加温方式可分为加温温室和日光温室，按采光材料不同可分为玻璃温室和塑料薄膜温室，按结构可分为单屋面温室、双屋面温室和连栋温室。目前生产上较多采用塑料薄膜温室，主要由土墙或砖墙、塑料薄膜、钢筋或竹木骨架构成，必要时也可添加加温设施，比较经济实用。

二、育苗容器

1. 塑料钵　塑料营养钵大多采用塑料颗粒经过吹塑加工制作而成。塑料钵颜色一般分为黑色和白色两种，黑色塑料营养钵具有白天吸热、夜晚保温护根、保肥作用，干旱时节具有保水作用。塑料钵不易破碎，便于搬运，可以连续使用 2～3 次，使用寿命较长，护根效果好。设施辣椒冬、春季育苗，通常选用 8 厘米×8 厘米或 10 厘米×10厘米黑色塑料营养钵育苗，该规格塑料钵容量大，适合培育适龄、显蕾的大苗。

2. 穴盘 标准穴盘的长度为54厘米、宽度为28厘米，有50穴、72穴、128穴等多种规格，见表3-1。穴盘的孔穴越小，幼苗对基质的湿度、养分、氧气、pH值、EC值的变化就越敏感。

表3-1 黑色PS标准穴盘规格 （单位:毫米）

规 格	穴盘		孔穴		
	长	宽	上 口	下 底	深 度
28穴	520	320	65	33	65
50穴	540	280	50	25	55
50穴	540	280	50	25	50
72穴	540	280	38	22	42
105穴	540	280	32	14	45
128穴	540	280	30	13	40

三、营养土配制

1. 营养土的原料 利用塑料营养钵育苗，需要配制营养土，一般选用烤晒过筛的园土、充分腐熟的有机肥、草木灰或炭化砻糠，按照合理的比例充分混合拌匀制成。

(1)菜园土 菜园土是配制培养土的主要成分，一般占60%～70%。菜园土以种植葱蒜类、豆类作物的土壤为好，避免使用2～3年内种植过茄科作物的土壤，以免幼苗遭受猝倒病、立枯病、早疫病、炭疽病、根结线虫病等病原菌的侵染。菜园土最好在7～8月份高温前掘取，经充分烤晒后，打碎，过筛，用薄膜覆盖保持干燥备用。

（2）有机肥料　根据各地不同情况就地取材，可选用猪粪、牛粪、鸡粪、厩肥、塘泥等，其含量应占营养土的30％～40％。所有有机肥原料必须经过充分腐熟后才可使用。未腐熟有机肥通常携带病原菌与虫卵，在发酵过程中产生热量影响作物根系生长，发酵还导致栽培环境恶化。

2. 营养土的配制　一般按6份菜园土、4份腐熟有机肥准备原料。为确保营养土中的有效营养成分含量，每立方米营养土需要加入蔬菜专用复合肥1.5千克。

3. 营养土的消毒　菜园土中通常含有猝倒病、立枯病等病害的病原菌，还含有虫卵，配制的营养土必须经过消毒处理才可使用。

（1）40％甲醛消毒　选用40％甲醛溶液，喷淋营养土，混拌均匀后堆积，覆盖塑料薄膜，密闭5～7天，然后撤去薄膜透气，待药味挥发后再使用。

（2）多菌灵消毒　选用50％多菌灵可湿性粉剂（或50％甲基硫菌灵可湿性粉剂），每立方米营养土用量150～200克，混合拌匀，用塑料薄膜覆盖，密闭2～3天后撤去薄膜，待药味挥发后施用。

4. 营养土的理化性质　优质营养土应具有良好的团粒结构，大小均匀一致，透水、透气性好，持水能力强，无植物病虫害和杂草，呈弱酸性（pH值6～6.5），营养成分丰富，有机质含量15％～20％，全氮含量0.5％～1％，速效氮含量120～180毫克/千克，速效磷含量80～160毫克/千克，速效钾含量100毫克/千克，可溶性盐含量（EC值）小于0.7。

四、基质的配制

1. 配制的原料　辣椒穴盘育苗，多采用基质，基质一般以有机基质与无机基质按一定比例配制而成。

（1）有机基质　主要有草炭、炭化稻壳、秸秆、锯木屑、芦苇末、菇渣、蔗渣、刨花等。草炭是最好的基质，一般与碱性的蛭石、珍珠岩等配合使用，以增加容量，改善结构。炭化稻壳营养元素丰富，价格低廉，通透性能良好，不携带病菌。菇渣是种植食用菌后废弃的培养基质，通气性能良好，碳氮比高。秸秆取材广泛，价格低廉，一般将玉米、小麦秸秆粉碎、腐熟后与其他基质混合使用。

（2）矿物质基质　主要有蛭石、珍珠岩、岩棉、炉渣、石砾、陶粒、聚苯乙烯珠粒等。蛭石是硅酸盐材料经高温加热后形成的云母状物质，膨胀后体积是原体积的8～20倍，每立方米蛭石能吸收500～650升的水，经蒸汽消毒后能释放出适量的钾、钙、镁。珍珠岩是火山喷发的酸性熔岩，在辣椒育苗基质中使用，可以增加基质的透气性与吸水性。

2. 基质的配制　穴盘育苗主要采用轻型基质，如草炭、蛭石、珍珠岩等，对育苗基质的基本要求是无菌、无虫卵、无杂质，有良好的保水性和透气性。一般配制比例为草炭∶蛭石∶珍珠岩＝3∶1∶1，每立方米的基质中再加入磷酸二铵2千克、高温膨化的鸡粪2千克，或加入三元复合肥2～2.5千克。

3. 基质的消毒　采用40%甲醛消毒，一般1 000千克基质，用40%甲醛药液200～300毫升加水25～30升，喷洒后充分拌匀堆置，覆盖一层塑料薄膜，封盖严实，6～7天后揭开，待药味散尽后备用。

4. 基质的理化性质　优质的基质根据幼苗所需的营养、土壤、抗病性要求配制，有机质含量高，养分释放均匀，营养供给期达到70天以上，无病原菌、无虫害，理化性质好，保肥、保水、保湿、透气性好，盐分含量低，不易烧苗、不伤根。利用优质的商品基质进行辣椒育苗，有利于苗齐、苗壮，出苗率95%以上，管理方便，夏、秋季育苗只需控制好温度、水分即可，无须添加任何肥料。

五、辅助材料的选用

1. 电热线的选用　在冬、春季育苗过程中，为创造适合幼苗生长的温度环境，保证正常出苗，通常需要选用电热线建设电热温床。长江中下游地区冬、春季辣椒育苗，每平方米需有80～100瓦的功率。

(1)布线方法　准备若干根小竹签，布线时，按布线间距插在苗床两端。为了避免电热温床边缘的温度过低，可以适当缩小边侧电热线的间距，适当加大中间电热线的间距，保持平均距离10厘米左右。采取三人布线法，逐条拉紧。布线完成后，接通电源检测，确认电路畅通无误时，断开电源，拔出竹签，铺设厚度2～3厘米的土层。

(2)接线的注意事项　①电热线功率是额定的，使用时不得剪断和拼接。②布线时不能交叉、重叠、打结，防止通电以后烧断电热线。③使用前发现电热线绝缘层破

裂，及时用热熔胶修补。④布线结束时，应使两端引出线归于同一边。在线头较多时，对每根线的首尾分别做好标记，并将接头埋入土中。⑤与电源相接时，在单相电路中只能用并联，不可以串联；在三相电路中，用线根数为3的倍数时，用星形接法，禁用三角形接法。使用220伏电压，不许用其他电压。最好配用控温仪，控制幼苗所需要的温度可节省用电约1/3。⑥育苗结束后，小心取出电热线，清理干净，收放在阴凉干燥的地方保存。

2. 遮阳网　遮阳网一般有SZW-8、SZW-10、SZW-12、SZW-14、SZW-16这5种型号。生产上使用较多的是SZW-12、SZW-14这2种型号。SZW-12型号的黑色遮阳网遮光率为35%～55%、银灰色遮阳网遮光率也为35%～45%；SZW-14型号的黑色遮阳网遮光率为45%～65%、银灰色遮阳网遮光率为40%～55%，见表3-2。

表3-2　遮阳网型号与性能指标

型　号	遮光率(%)		50毫米宽的拉伸强度(N)	
	黑色遮阳网	银灰色遮阳网	经　向	纬　向
SZW-8	20～30	20～25	≥250	≥250
SZW-10	25～45	25～45	≥250	≥300
SZW-12	35～55	35～45	≥250	≥350
SZW-14	45～65	40～55	≥250	≥450
SZW-16	55～75	55～70	≥250	≥500

(1)使用方法　夏季高温季节，对遮光要求较高，可选用黑色遮阳网。在蚜虫发生严重的地块，可选用银灰色遮阳网，对蚜虫有较好的驱避作用。

在塑料大棚上使用，通常选用宽度6～7米的遮阳网，覆盖在大棚薄膜上面，两侧通风口不覆盖，有利于早盖晚揭与通风透光。在连栋大棚上使用，分为内遮阳网、外遮阳网，可自动控制遮阳网的覆盖与揭开，降温效果较好。地面覆盖，主要用于夏、秋季育苗过程中，在播种至出苗阶段，直接覆盖在苗床上。

（2）遮阳网使用要求　在遮阳网使用过程中，要根据实际情况灵活揭盖遮阳网，“勤盖勤揭，晴盖阴揭，日盖夜揭，雨盖阳揭”，达到保湿降温、防暴雨、防冰雹等目的。

第三节　辣椒种子处理

一、辣椒种子质量

使用的辣椒种子的质量必须符合要求，种子的纯度、净度、发芽率、水分指标不能低于国家标准GB 16715.3—2010《瓜菜作物种子　第3部分：茄果类》的最低要求，见表3-3。为保证种子的种子质量，应该从正规的种子公司购买。

表3-3　辣椒（甜椒）种子质量要求　（%）

名　称	级　别	纯　度	净　度	发芽率	水　分
常规种	原　种	≥99.0	≥98.0	≥80.0	≤7.0
	大田用种	≥95.0			
亲　本	原　种	≥99.9	≥98.0	≥75.0	≤7.0
	大田用种	≥99.0			
杂交种	大田用种	≥95.0	≥98.0	≥85.0	≤7.0

二、辣椒种子用量

根据种子质量、育苗方式、栽培密度等确定种子用量。商品销售的辣椒种子，一般为当年繁制、当年销售或第二年销售，种子保存条件较好，发芽率一般在95%以上。采用穴盘育苗方式，人工点播或利用精量播种机点播，每穴播种1粒种子。冬、春季辣椒栽培，定植密度稍大，一般每667米^{2}定植4 000穴；秋季辣椒栽培，定植密度稍低，一般每667米^{2}定植3 500株。所以，准备种子时，充分考虑到需苗数、种子质量、发芽率，同时兼顾死苗、弱苗等问题，采用穴盘育苗方式，一般按每667米^{2}准备种子35～40克，可确保足够的幼苗数。

三、辣椒种子处理

1. *晒种*　是指选择阳光充足的晴好天气，将辣椒种子暴晒1～2天。晒种时，应在中等光照下进行，并且把种子放到纸上或布上晾晒；不能将种子直接放到水泥地或石板上晒种，以免烫伤种子。

2. *温汤浸种*　先用温度25℃～30℃的温水浸泡种子15分钟左右，然后将种子倒入55℃～60℃的热水中，水量相当于种子重量的6倍左右，浸泡10～15分钟，浸种过程中需要不停搅拌，最后用25℃～30℃的温水浸种5～6小时。温汤浸种可以杀死潜伏在种子上的病原菌，减少病害的发生。

3. *药剂浸种*　辣椒种子表面通常携带多种病原菌，如病毒病、炭疽病、疮痂病、青枯病等，可针对性地选用一

种或几种药剂进行消毒处理。

(1)硫酸铜浸种　用于预防辣椒疫病、炭疽病、疮痂病、细菌性叶斑病等。先将种子用清水浸泡10～12小时，再用1%硫酸铜溶液浸种5分钟，取出种子，反复用清水冲洗干净。

(2)磷酸三钠浸种　用于预防辣椒病毒病。将已用清水浸泡过的种子，采用10%磷酸三钠溶液浸种20～30分钟，浸种后用清水冲洗干净。

(3)硫酸链霉素浸种　用于预防辣椒疮痂病、青枯病。先用清水浸种4～5小时，再用72%硫酸链霉素可溶性粉剂500倍液浸种30分钟，浸种后用清水洗净。

4. 催芽处理　浸种结束后，捞出种子，沥干水分，用湿纱布或毛巾包好，放在28℃～30℃的温暖环境中催芽，可使用恒温箱或催芽室催芽。催芽过程中，每隔4～5小时，翻动种子1次，使种子均匀受热。每天用30℃温水淘洗种子1～2次，洗去种子表层的黏液，有利于种子吸收氧气，提高种子发芽的整齐性。一般在催芽4～5天后，当60%～70%的种子"露白"(萌芽)时，即可以播种。

第四节　辣椒穴盘育苗技术

一、播种期选择

1. 冬季育苗　冷床育苗在10月份播种，日历苗龄100～120天；温床育苗日历苗龄一般为60～70天，播种期可以适当推迟，一般在12月中下旬播种。冬季育苗常

遭遇寒冷天气，对育苗设施的增温、保温措施要求较高。

2. 春季育苗　一般在1月下旬至2月中下旬播种，日历苗龄50～60天。通常采用温床育苗的方式，以保证培育健壮幼苗。春季育苗的时间较短，气温随着时间的推移越来越暖和，不易遭遇冷害侵袭，苗期管理相对容易。

3. 秋季育苗　长江流域一般在7月底播种，日历苗龄30天；实际生产中，幼苗达到壮苗标准时即可定植。秋季外界温度较高，光照强烈，时常发生暴雨，通常在大棚内建设苗床，可避免幼苗遭受雨水冲淋，同时覆盖遮阳网，以降低苗床内的温度和光照强度。

二、建设苗床

1. 育苗设施　通常选用日光温室、塑料大棚、连栋大棚等作为辣椒育苗设施，地面开阔，地势高燥，供水、供电条件好，排灌方便，距离栽培田较近。由于采用全基质育苗方法，对育苗设施内土壤没有严格的要求。

2. 苗床消毒　前茬作物收获后，及时清除植株残体，带出棚外烧毁；建设苗床前，彻底清理设施内外的杂物，并将棚室四周的杂草清除干净。为培育无病虫壮苗，还需要对苗床做消毒处理，通常采用药剂消毒的方法，具体做法是，上好棚膜，准备好穴盘、农具等，选用0.5%～1%甲醛溶液，喷淋，闷棚3～5天，揭开棚膜，待气体完全散尽后备用。

3. 苗床建设　耕翻土壤后，按南北方向做畦。最好采用高畦育苗，畦面高度15～20厘米，高畦育苗有利于降低苗床的湿度，减轻苗期病害的发生，避免幼苗的徒长。畦面宽度以两个穴盘的长度为好，一般为 1.1～1.2 米；如若需要搭建小拱棚，畦面宽度以 1.3～1.5 米为宜。冬、春季育苗时，为提高苗床的保温效果，还可做成凹形畦面，凹面深度与穴盘高度相同。仔细耙平畦面，排放穴盘。

三、基质装盘

1. 穴盘的选用　辣椒穴盘育苗，多采用 50 孔、72 孔、128 孔穴盘一次成苗的育苗方法。采用 50 孔或 72 孔的穴盘，有利于培育壮苗，苗龄可达 80 天左右，株高 18～20 厘米，长有 8～10 片真叶，第一花序现蕾，根系发达，紧紧缠绕基质形成根坨，起苗时不易散坨。为充分利用育苗场地，节省能源，降低消耗，也可采用 288 孔穴盘育苗，在幼苗长有 1～2 片真叶时，分苗至 72 孔或 128 孔穴盘。

2. 基质的预湿　基质装盘前需要充分润湿，一般以含水量 55%～60%为宜。检验基质是否充分润湿的方法是，用手握一把基质，没有水分挤出，松开手后基质成团，但轻轻触碰，基质会散开。如果基质太干，播种完成后，不容易浇透底水或浇水不匀，种子会因吸水不足造成出苗障碍。

3. 基质的装盘　将准备好的基质填满穴盘即可。装盘时，注意不能压实，确保穴孔中的基质均匀、疏松，用板条刮去穴盘上多余基质。通常情况下，每立方米育苗基质，可分装 128 孔穴盘 200 盘左右。装盘完成后，叠起穴盘，向下按压，压出深度为 0.8～1 厘米的播种穴，在苗床上按顺序将穴盘排好。

四、播　种

1. 播种方法　作坊式育苗方式通常采用人工播种法，工厂化育苗方式通常采用机械播种法。

(1)人工播种法　对于催芽的种子，种子表层有黏液，易粘在一起，可与潮湿细沙拌匀，方便人工播种。播种时，每穴播种1粒，尽量将种子播放在穴孔的正中央。

(2)机械播种法　工厂化穴盘育苗，国内外普遍采用气吸式精量播种机播种。采用机械播种，可大幅度降低劳动强度，籽粒分布均匀、深度一致、出苗整齐。

2. 播后处理　冬、春季育苗需要采用增温、保温措施，夏秋季育苗需要采用降温、保湿措施。

(1)冬、春季育苗　用基质盖种，厚度0.8厘米左右。盖种后，用喷壶浇透底水。加盖一层20克/米^{2}无纺布和一层地膜。搭建小拱棚，覆盖小棚膜，加盖草苫保温，也可以利用两层膜和一层200克/米^{2}无纺布，保温效果好。

(2)夏、秋季育苗　用基质盖种，盖种厚度1厘米左右。盖种完成后，用喷壶浇透底水。加盖一层20克/米^{2}无纺布、草苫，用喷壶浇水淋湿。搭建小拱棚或在大棚外覆盖遮阳网遮阴降温。

五、冬、春季育苗管理

1. 温度调节　冬、春季育苗，通过电热加温、多层覆盖等方式，达到增温保温的目的，抵御低温伤害，避免形成僵苗。出苗期间，控制苗床温度28℃～30℃。当60%以上种子出土时，及时揭去苗床表层的覆盖物，以免烧芽或者形成高脚苗。齐苗后，适当控温，降低苗床温度2℃～3℃，以白天25℃～28℃、夜间18℃～20℃为宜。白天苗床气温超过28℃时，在大棚的背风处和日光温室顶端打开通风口，通风换气降温；当温度降至28℃时，留小通风口换气；当温度降至20℃左右时，关闭所有通风口。

2. 水分管理　浇水掌握“干湿交替”原则，即一次浇透，待基质转干时再行浇水。由于外界气温较低，一般选在晴天中午前后浇水，下午4时后若幼苗无萎蔫现象则不必浇水，以免夜间温度降低，茎节伸长减缓。苗床两侧的基质容易失水，可适当多浇水。浇水后，在保证苗床内温度前提下，适当加大通风量、延长通风时间，降低苗床内的湿度。在连续阴、雨、雪天，如果穴盘基质湿度过大，还可撒入干细土降湿。定植前适当限制给水，以幼苗不发生萎蔫、不影响正常发育为宜。

3. 肥料管理　冬、春季育苗，日历苗龄较长，基质肥力不足，需要追肥。当幼苗有缺肥症状时，及时选用有机肥、复合肥、冲施肥、尿素等肥料，随水冲施或叶面喷施。使用的有机肥必须经过充分腐熟、滤渣后使用，浓度以10～12倍稀释液较好；选用复合肥追肥时，可用含氮、磷、钾各10%左右的专用复合肥配制，喷施浓度为0.2%；选用单一化肥，可按尿素40克、过磷酸钙65克、硫酸钾125克，对水100升，配成混合液喷施。增施磷、钾肥有利于培育壮苗。

4. 光照调节　冬、春季育苗，气温低、光照弱，苗床采用多层覆盖，辣椒幼苗接受的光照少、时间短。需要采取

多种措施，提高幼苗见光时间，促进幼苗的花芽分化。尽量选用长寿流滴农膜，以增加薄膜透光率。在保证幼苗不受冷害的前提下，白天尽量早揭晚盖苗床保温覆盖物，延长幼苗的受光时间。遭遇连续阴雨雪天气，幼苗生长状态不良，必要时采取额外补光措施。

5．幼苗锻炼　为了提高幼苗对定植后环境的适应能力，缩短定植后的缓苗时间，在定植前应进行幼苗锻炼，提高幼苗素质。

(1)低温锻炼　在定植前10～15天，逐渐加大通风量、延长通风时间，逐渐降温至白天15℃～20℃、夜间10℃左右。定植前3～5天使幼苗处于与定植后基本一致的环境条件。

(2)喷药防病　定植前2～3天，选用50％多菌灵可湿性粉剂(或50％甲基硫菌灵可湿性粉剂)1 500倍液＋0.2％硫酸锌溶液喷雾，增强幼苗抗病性，防止疫病、病毒病等病害的发生。

六、夏、秋季育苗管理

1．温度调节　出苗前，在苗床上覆盖草苫、遮阳网降温、保湿，当50％～60％种子出土时，及时揭去草苫，以免形成高脚苗。由于外界气温较高，白天需要在大棚外覆盖遮阳网降温，控制苗床内的温度30℃左右。定植前7～10天，不再覆盖遮阳网，让幼苗逐渐适应定植后的温度环境。

2．水分管理　夏、秋季育苗气温高，基质水分散失较快，需要及时补水。出苗前，除浇透苗床水外，还要浇水淋湿苗床表面的草苫，以保证种子能够充分吸收水分。出苗后，根据基质的持水能力，及时补水，避免育苗基质的忽干忽湿，造成幼苗时而缺水萎蔫时而多水徒长。夏、秋季育苗一般在早晨或傍晚浇水，避免中午浇水伤害幼苗根系，早晨浇水不易形成徒长苗。阴雨天光照不足或苗床湿度较高时，注意不宜过多浇水，以免诱发猝倒病。夏季雨水多，注意防止雨水冲淋苗床。

3. 肥料管理　夏、秋季育苗，幼苗生长期短，一般不需要追肥，如幼苗出现缺肥症状时，选用 0.1%～0.2%磷酸二氢钾溶液，或 0.3%～0.5%复合肥溶液，叶面追施 1～2 次。追肥时间应该掌握在上午 10 时前或傍晚，避开温度较高、容易发生肥害的中午前后。

4. 光照调节　幼苗生长前期，外界温度高，光照强，需要加盖遮阳网遮阴降温。遮阳网一般采用部分覆盖法，即只覆盖棚顶，两侧留有通风口，以保证幼苗见光。在阴雨天，需要撤去遮阳网，让幼苗多见光，避免幼苗徒长。定植前，不再需要覆盖遮阳网，让幼苗逐渐适应定植后的栽培环境。

七、壮苗指标

1. 外观标准　茎秆粗壮，节间短，株高 18～25 厘米，叶片肥厚，深绿色，子叶完好，早熟品种具有 8～10 片真叶，晚熟品种具 11～12 片真叶，有 60%～70%植株带大蕾。根系发达，侧根数量多，呈白色，全株生长发育平衡，无病虫危害。

2. 生理标准　健壮幼苗的生理表现是含有丰富的营

养物质、细胞液浓度大、表皮组织中的角质层发达、茎秆硬，水分不易蒸发，对栽培环境的适应性好，耐旱性强，较耐低温弱光或高温，定植后成活率高，缓苗时间短，开花早，结果多。

八、穴盘苗的运输

1. 运输前准备　运输前，检查幼苗病虫害发生情况，确保幼苗没有受到茎基腐病、细菌性病害、粉虱、蚜虫的侵染，不要将发生病虫害的幼苗定植到生产田中。为防止穴盘苗在运输途中失水萎蔫，通常在运输前 1 天下午浇透苗床水，便于第二天上午的搬运。检查运输车辆，准备防水帆布等材料。

2. 运输方法　穴盘苗的长距离运输，可以采用专用铁架运输，也可以将穴盘苗放入专用纸箱后装车运输。

第五节　辣椒嫁接育苗技术

一、砧木品种的选择

1. 砧木品种要求　好的砧木品种抗病性强，亲和力高，不改变接穗原有的生长势、果实商品性与品质。

（1）高抗辣椒土传性病害　所用砧木品种抗或耐青枯病、根腐病、根结线虫病等，抗病性稳定，不因栽培时期以及环境条件变化而发生改变。

（2）与接穗的亲和力强而稳定　要求与辣椒嫁接后，嫁接苗成活率不低于 98%，并且嫁接苗定植后生长稳定，

中途不出现生长缓慢和死亡现象。

(3)不改变果实的形状和品质　要求所用砧木品种与辣椒嫁接后,不改变接穗果实的形状和颜色,不出现畸形果。

(4)长势稳健　不削弱接穗植株的生长势,也不造成接穗植株徒长。

2. 品种选择　适合辣椒嫁接的砧木品种有“不死鸟”、“部野丁”、“富根卫士”、“威壮贝尔”等。适合甜椒嫁接的砧木品种有“不死鸟”、“土佐绿 B”等。

二、砧木苗和接穗苗的培育

1. 接穗苗的培育　在嫁接育苗过程中,砧木苗与接穗苗的协调一致是关键的问题之一。由于选择嫁接的方法不同,适宜嫁接的砧木苗和接穗苗的大小也不同。为了获得最适宜的嫁接时期,应调整砧木和接穗的播种期。接穗苗的育苗方法与一般辣椒栽培的育苗方法相同,由于接穗品种的生长速度比砧木品种快,一般要比砧木晚播,嫁接时接穗的叶龄(真叶数)一般与砧木相同。

2. 砧木苗的培育　出苗前保持苗床较高的温度,促使早出苗。苗床白天温度保持在 25℃～30℃,夜间温度保持在 20℃以上。出苗后降低温度,延缓生长速度,使幼苗茎秆粗壮,保持苗床白天温度 25℃～28℃、夜间温度 12℃左右,昼夜温差 10℃以上。砧木苗分栽后,要适当提高温度,促苗生根,尽快恢复生长。通常分栽后的 7 天内,保持白天温度 28℃以上、夜间温度应不低于 20℃,砧木苗恢复生长后降低夜温至 15℃左右。

三、嫁接适期

辣椒嫁接的适宜时间，主要取决于辣椒幼苗主茎的粗度，接穗与砧木茎粗0.4～0.5厘米、具有4～5片真叶时为嫁接的适宜时间，尽量选用砧木与接穗粗细一致的幼苗进行嫁接。若过早嫁接，节间短，茎秆细，不便操作，影响嫁接效果；过晚嫁接，植株的木质化程度高，影响嫁接成活率。

四、嫁接场地

1. 嫁接场地　选择靠近苗床的场所作为嫁接场地。嫁接场地对温度、湿度、光照要求较高。适宜的空气温度为25℃～30℃，适宜的空气湿度为90%，保持散射光照。在温度较低的冬季或早春，嫁接苗床应选用低畦面苗床；高温多雨季节，宜选择高畦面苗床。

2. 嫁接场地及苗床的消毒　选用50%多菌灵可湿性粉剂500倍液或75%百菌清可湿性粉剂600倍液，对嫁接场地的地面、墙面、空间进行喷雾消毒。采用条凳或平板作为嫁接台，高度以方便嫁接操作为宜。嫁接前1天，选用50%多菌灵可湿性粉剂500倍液或75%百菌清可湿性粉剂600倍液，对砧木苗和接穗苗均匀喷药，第二天待茎叶上的露水干后，起苗，准备嫁接。对嫁接用的刀片、竹签等工具，选用40%甲醛200倍液，浸泡30分钟进行消毒。

五、嫁接方法

1. 劈接法　当砧木苗5～7片真叶时，开始嫁接。嫁接时将砧木苗上端的2～3片叶切掉，保留2～3片真叶，用嫁接刀在断茎顶端自上而下垂直一刀，刀口长0.8～1厘米；接穗选择生长健壮、节间长短适中、不徒长、组织充实的辣椒苗，剪掉下面大叶与花蕾，保留2～3片心叶，在半木质化处除掉下端，在切口处削成楔形，楔形面的长度与砧木的切口大小相等，然后将接穗插入砧木的切口，使砧木与接穗切口两端对齐紧密结合，用嫁接夹固定。

2. 插接法　砧木有4～5片真叶时为嫁接适期，接穗苗比砧木苗少1～2片叶，苗茎粗比砧木苗茎稍细一些。嫁接时，在砧木的第一或第二片真叶上方横切，除去腋芽，在该处顶端无叶一侧，用与接穗粗细相当的竹签按45°～60°角向下斜插，插孔长0.8～1厘米，以不插破表皮为宜，选用适当的接穗，削成楔形，插入孔内。

3. 靠接法　嫁接后仍旧保留接穗的根部，与砧木一起分栽，接穗不易枯死，管理容易，成活率高。嫁接时，先在砧木苗茎的第2～3片叶间横切，去掉新叶和生长点，然后从上部第一片真叶下、苗茎无叶片的一侧，由上向下呈40°角斜切1个长1厘米的切口，深达苗茎粗的2/3以上；再在接穗无叶片的一侧、第一片真叶下，紧靠子叶，由下向上呈40°角斜切1个1厘米的切口，深达茎粗2/3；然后将接穗与砧木在切口处互相插在一起，用嫁接夹将接口处夹住即可。

六、嫁接后管理

1. 温度管理　嫁接后，立即将嫁接苗移入小拱棚内，浇足水，封闭棚膜。嫁接后3天内，在小拱棚上覆盖草苫

等材料，避光遮阴，保持棚内的适温、高湿状态，保持白天25℃～30℃、夜间18℃～20℃、地温25℃左右，减少嫁接苗蒸腾失水，促进嫁接伤口愈合。3天后，逐渐降低温度，保持白天25℃～27℃、夜间17℃～20℃，如果温度偏高，可采用遮光和换气相结合的办法调节，防止温度过高导致嫁接苗失水过多而发生萎蔫。在低温季节嫁接，选择在晴暖天气进行，同时加强苗床的保温、增温措施。长时间偏低温度，接穗与砧木的愈合变慢，嫁接苗的成活率和壮苗率降低。

2. 湿度管理　嫁接后3天内，保持苗床内空气相对湿度90%以上。在适宜的空气湿度下，嫁接苗一般表现为叶片正常开展、叶色鲜艳，上午日出前叶片有吐水现象，中午前后叶片不发生萎蔫。一般来讲，嫁接后基质浇透水，并用小拱棚扣盖严实，嫁接后3天内一般不会出现干燥现象。如果出现干燥现象，要在早晨或傍晚及时补水。补水时，从边侧贴近穴盘浇水漫过穴盘，避免污水流入嫁接口，引起接口处的腐烂。

从第四天开始，要适当通风，降低苗床内的空气湿度，防止因空气湿度长时间偏高引发病害。苗床通风量掌握“先小后大”的原则，以嫁接苗不发生萎蔫为宜。如果嫁接苗发生萎蔫，要及时密闭棚膜；萎蔫严重时，还要对嫁接苗进行叶面喷水。当苗床开始大量通风后，基质的蒸发速度也随之加快，育苗基质容易干燥，要及时浇水，保持基质湿润。

3. 光照管理　嫁接后前3天内，如果为晴天，应在每天日出后和日落前，在苗床上覆盖遮阳网或草苫遮阴，避免阳光直射到苗床内，使嫁接苗失水过多发生萎蔫。从第四天开始，要逐天缩短苗床的遮光时间，避免长时间遮光造成嫁接苗叶黄、苗弱。苗床见光要先从早晚接受散射光照开始，逐渐延长苗床的光照时间，只要嫁接苗不发生萎蔫就不再遮光。一般嫁接 8～10 天后，当中午前后嫁接苗不发生萎蔫时，就可以撤掉遮光物，对嫁接苗进行自然光照管理。

七、嫁接苗成活后管理

嫁接苗成活后，按照穴盘育苗管理方法正常管理即可。为了提高辣椒嫁接苗的成活率，需要注意以下几点：①挑出成活状态不佳的嫁接苗，集中到一个苗床内，继续给予适温、高湿、遮光的管理，促进嫁接苗的活棵与生长。②对采用靠接法的嫁接苗，选择阴天或晴天下午，在嫁接口下方，切断接穗。切断后几天内，对苗床适当遮阴，防止嫁接苗萎蔫。③检查苗床，小心扶起倒伏的嫁接苗，使其保持直立生长。④在嫁接后 10 天左右，摘除嫁接夹。⑤及时抹除砧木上长出的侧枝、接穗上长出的不定根。

第六节　苗期生长异常症状

一、出 苗 迟

1. 主要症状　播种后长时间不出苗或很少出苗。

2. 发生原因　①陈旧种子、发霉种子、受潮种子比健

康种子出苗时间长。②辣椒种子的适宜覆土厚度为0.8～1厘米，覆土过多时，种子顶土能力较弱，出苗时间相对加长。③当苗床温度低于15℃时，种子出苗缓慢，出苗期延长；温度低于10℃时，几乎停止发芽。④高温期播种，苗床底水不足，种子会因供水不足出苗缓慢。⑤播种后防雨措施不当，苗床进水导致畦面板结，引起土壤氧气不足，导致种胚生长缓慢，延迟发芽。

3. *防治方法* ①选用符合质量标准的种子。②辣椒种子发芽的适宜温度28℃～30℃，冬、春季育苗应采用增温措施，保证苗床温度，促进种子发芽。③播种前，将基质拌湿后再装盘；播种后，浇透苗床水；当基质变干发白时，及时补水。

二、出苗不齐

1. *主要症状* 种子出苗的先后时间差异太大，幼苗大小不一。

2. *发生原因* ①陈旧种子的发芽势较新种子弱，出苗晚，新陈种子混播，就会出现出苗不整齐的现象。②充分成熟的种子发芽势较强，出苗快，出苗早；未充分成熟种子的发芽势弱，出苗慢，出苗需要的时间长。③播种浅的种子往往先出苗，播种深的种子出苗较晚。播种深浅差异越大，种子出苗时间差异也越大。④由于浇水、保温等原因，造成苗床内基质的湿度不均匀、温度不一致。温度、湿度适宜的地方，种子出苗比较快，出苗早；温度偏低、水分不足的地方，种子出苗较慢。

3. *防治方法* ①选择健壮饱满的种子，最好选用当年或隔年繁殖的新种子。②购买处理好的基质，装盘前充分润湿、拌匀基质，装盘完成后，用木板条刮去多余基质。③播种深度要一致，盖土厚度要均匀。④冬春季育苗，苗床两侧的温度偏低，容易缺水干旱，要重点管理。

三、戴帽出土

1. 主要症状　辣椒幼苗带着种皮出土的现象，表现为子叶被种皮夹住，难以伸展，严重妨碍子叶的光合作用，影响辣椒幼苗的后续生长。

2. 发生原因　①种子的成熟度差，发芽势弱。②辣椒种子的适宜覆土厚度为 0.8～1 厘米，覆土太薄易造成戴帽出土。③床土湿度不够，基质偏干，种皮不湿润，无法脱离子叶。

3. 防治方法　①要选择健壮饱满的种子。②播种后盖土厚度以 0.8～1 厘米为宜，盖土要均匀，盖土完成后覆盖无纺布保湿。③播种时要灌足底水，注意苗床的水分管理，保持基质的湿润。④在幼苗顶土即将钻出地面时，如果天晴，可在中午前后喷一些水，若遇阴雨，可在床面撒一层湿润细土。

四、沤　根

1. 主要症状　沤根初期，根的表皮发黄，不发生新根，幼苗叶片变薄，阳光直射后萎蔫。沤根中后期，须根或主根部分或全部变褐至腐烂，幼苗萎蔫程度加重甚至死亡，很容易从基质中拔出。

2. 发生原因　①在幼苗生长期间，若遭遇连续的阴、

雨、雪天气，苗床温度低，光照不足，地温长期低于 12℃。②管理技术粗放，浇水过多，湿度高，基质通气不良。

3. 防治方法　①选择地势高燥、排水良好、背风向阳的日光温室或塑料大棚建设苗床。②采用电热温床育苗，夜间加盖保温被、草苫保温，维持适合幼苗生长的温度。③基质含水量过高时，选用干营养土撒入苗床，降低基质的湿度。④空气湿度过大时，注意及时通风换气。

五、烧　根

1. 主要症状　发生烧根时，根尖变黄，不发新根，前期一般不烂根，表现在地上部分生长缓慢，植株矮小脆硬，形成“小老苗”。症状轻的植株中午萎蔫，早、晚恢复正常，后期由于气温高、供水不足，植株干枯。辣椒烧根症状类似发生辣椒青枯病或辣椒枯萎病，但是纵剖茎部未见异常。

2. 发生原因　①配制营养土时，混入肥料过多，尤其是氮肥过多，肥料浓度很高，幼苗根系发育不良，就会产生干旱性烧根现象。②床土中混用未腐熟的有机肥料，经过浇水和覆盖塑料薄膜以后，有机肥料开始发酵腐熟，产生大量的热量，导致烧根。③床土施肥不均，床面整理不平，浇水不匀，或用灰肥覆盖种子，床土极度碱化，也会造成烧根。④播种后覆土太薄，种子发芽生根之后，床内温度高，表土干燥，容易发生烧根或烧芽。

3. 防治方法　①育苗营养土或基质使用充分腐熟的有机肥，氮肥施用不能过量，施入后充分混匀。②播种后，盖土厚度不能过薄，适宜的盖种厚度为 0.8～1 厘米。

③出苗后发生烧根现象，选择晴天中午及时浇灌清水，稀释土壤溶液，随后覆盖细土，封闭苗床，中午实行苗床遮阴，促使幼苗发生新根。

六、徒长苗

1. 主要症状　徒长是苗期常见的生长发育失常现象，表现为节间长、棱条不明显、茎色黄绿、叶片质地松软、叶片薄、色泽黄绿、根系细弱。徒长苗抗病性、抗逆性较弱，易遭受病原菌侵染，抵御低温寒流、高温强光的能力差，发育迟缓，花芽分化及开花期延后，容易发生落蕾、落花、落果。定植后，缓苗速度慢，成活率较低。

2. 发生原因　苗床通风不及时，苗床温度偏高，湿度过大，氮肥施用过多，阴雨天时间过长，光照不足等。

3. 防治方法　①依据幼苗各个生育阶段要求的适宜温度，及时通风，控制苗床温度。②苗床湿度过高时，注意加强通风排湿，湿度过大时撒入干细土降湿。③光照不足时，适当延长揭膜时间，让幼苗多见光。④幼苗发生徒长后，适当控制浇水，延长通风时间，控制幼苗的营养生长。

七、僵　苗

1. 主要症状　在冬、春季育苗过程中，幼苗生长发育缓慢，幼苗植株瘦弱，叶片发黄，茎秆细硬，并显紫色。

2. 发生原因　①育苗基质营养不足，肥力低，尤其是氮素营养缺乏。②基质缺水干旱，基质理化质地不良。③使用沙壤土、黏质土等保水保肥能力差的土壤育苗，容

易形成僵苗。

3. *防治方法*　①选择保水、保温性能好的地块作为育苗场所。②在配制育苗基质时，既要有腐熟的有机肥料，还要添加幼苗发育所需的氮、磷、钾肥料，尤其是氮素肥料与其他肥料的合适比例更为重要。③灌足底水，及时浇水，保持育苗基质适宜的含水量。

八、烧　苗

1. *主要症状*　烧苗发生快，受害重，几个小时就可造成整床幼苗死亡，给生产带来很大损失。烧苗初期，幼苗变软、弯曲，整株叶片萎蔫，幼茎下垂，随着高温时间的延长，根系受害，整株死亡。

2. *发生原因*　烧苗多发生在气温多变的春季，晴天中午若不及时揭膜通风，温度会迅速上升，当床温达40℃以上时，容易产生烧苗现象。

3. *防治方法*　①注意天气预报，在晴朗天气，做好苗床的通风工作，保持苗床白天温度20℃～24℃。②在烧苗出现时，最为有效的方法是浇水，浇水时不能揭膜，应从苗床一端开口灌水，待苗床温度下降后正常通风。③烧苗出现后，要及时遮阴，待苗床温度降到适宜温度时，开始通风并逐渐加大通风量，临近傍晚时，揭去遮阴覆盖物。

九、闪　苗

1. *主要症状*　揭膜之后，幼苗很快产生萎蔫现象，叶缘上卷，叶片局部或全部变为白枯状，严重时造成幼苗整株干枯死亡。

2. 发生原因 ①当苗床内外温差较大，苗床温度超过40℃以上时，突然大量通风，由于空气流动加速，叶面蒸发量剧增。②幼苗在较高的温度下突然遇冷，叶片很快萎蔫并干枯。

3. 防治方法 ①注意及时通风，控制苗床温度，当苗床温度上升至28℃时，应当及时通风降温。②正确掌握通风方式，随着气温的升高，通风口由少到多，通风量由小变大，保证苗床内温度慢慢降至幼苗生长的适宜温度。③准确选择通风口，通风时，选择在育苗棚室的背风一侧揭开棚膜通风。

第四章

露地辣椒高效生产

第一节　春茬露地辣椒栽培

一、选用良种

露地辣椒春茬栽培主要供应期在5～7月份，选择品种时，最好选用早熟或中早熟、抗病、耐低温的品种，对于连秋栽培的可选用中晚熟、生长期较长的辣椒品种，品种的选择同时需要考虑当地市场对辣椒商品性的需求，如湘研19号、兴蔬301、福湘早帅、东方神剑、海花3号、福湘秀丽、兴蔬201等。

二、培育壮苗

1. 育苗时间　根据当地的气候特征、育苗设施、栽培茬口确定播种育苗期。长江流域地区可在11～12月份播种育苗，华南地区一般在10～11月份播种育苗。

2. 育苗方法　在日光温室或大棚内建设苗床，采用穴盘育苗方法，选用辣椒穴盘育苗专用基质或自配基质，播种前浇透底水，水渗后每穴播种1粒种子，覆土厚度0.8厘米，覆盖无纺布和地膜保温保湿，苗期加强保温措施，保持在白天25℃～28℃、夜间18℃～20℃，浇水做到见干见湿，视幼苗生长情况选用复合肥或冲施肥追施2～3次，定植前喷药防病防虫。

三、定植前准备

1. 茬口安排　露地栽培，常遭遇雨水的冲刷，为防止

土传病害的蔓延，最好与大田作物、葱蒜类蔬菜作物连作，要求栽培地富含有机质、保水保肥、排灌良好、土层深厚。前茬收获后，彻底清茬，将植株病残体、四周杂草全部清除出田，深耕土壤，冻垡、晒垡，以消灭土壤中的病菌、虫卵，改善土壤的结构。

2. 施足基肥　结合整地，施入充足基肥，基肥以腐熟农家肥为主，每667米^{2}施入农家肥2 500～3 500千克、饼肥30～50千克、过磷酸钙40～50千克、尿素20～25千克、生石灰50～100千克。基肥总量2/3普施，1/3沟施，以提高肥料利用率。

3. 整地做畦　干旱缺雨地区，可采用平畦栽培；多雨地区，可采用窄畦双行种植方式，按100厘米距离做畦，畦高15厘米，畦面宽70厘米。为了提高地温，整平畦面后，定植前5～7天，选择无风天气覆盖地膜，拉紧使地膜紧贴在畦面上，两侧用土压实，并用土块盖严压实地膜破损处，以免降低地膜的保温性能。地膜主要有白色地膜、黑色地膜、银灰色地膜这3种类型，白色地膜增温效果较好，黑色地膜有利于抑制杂草生长，银灰色地膜可规避蚜虫，可根据实际情况选择使用。

四、定　植

1. 适时定植　春茬露地辣椒栽培，在终霜、寒流过后即可定植，要求地温稳定在13℃～15℃，长江中下游一般在4月上旬(清明前后)定植，西南地区3月上旬定植，华南地区可提前在2～3月份定植。

2. 合理密植　根据品种特性确定株行距，由于露地栽培植株生长势弱于保护地栽培，可适当增加定植密度，以提高产量。早熟品种穴距 30 厘米左右，每 667 米^2 定植 4 500 穴左右，中晚熟品种定植穴距 35～40 厘米，每 667 米^2 定植 3 500～4 000 穴。根据当地种植习惯，采用单株或双株栽培。

3. 定植方法　宜选择在晴天上午定植。定植前 2～3 天，选用杀菌、杀虫剂幼苗喷雾一次。定植前 1 天，浇透苗床水。定植时，按株行距开穴，小心取出幼苗，植入定植穴中，扶正，壅土，稍用力压实，理平地膜。注意尽可能保护根坨的完整，以充分发挥穴盘苗“早生、快发”的优势。露地栽培强调浅栽，以子叶节稍高于畦面为宜。定植后及时浇透定根水。

五、田间管理

1. 查苗补缺　辣椒露地栽培，由于定植方法不到位、根系损坏、壅土不实、浇水不及时、害虫危害等，都可能损伤幼苗。为避免因缺苗断垄而造成减产，定植后3～5 天内，要及时认真查苗、补苗。补苗注意大小苗的匹配，防止大小苗现象。补苗后，注意及时浇水，提高幼苗成活率。

2. 水分管理　辣椒在整个生育期内需水量较大，结果期内最适宜的土壤相对湿度为 75%～90%。定植后 3～5 天浇第一次缓苗水，5～6 天后浇第二次水，缓苗水不宜过大，以免影响地温回升。在缓苗结束第一次追肥后，控制浇水，适度蹲苗，促进植株新根的萌发，促使植株健壮生长。当门椒开始坐果时，及时浇坐果水，保证植株

开花结果对水分的需求。植株大量开花结果时，外界温度逐渐升高，植株需水量较大，应增加浇水次数，一般5～7天浇1次水。辣椒的根系较浅，根系主要分布在土表下10～15厘米的土层内，不耐潮湿，对水涝敏感，浇水时应避免田间积水；预先做好田间沟渠疏通工作，下雨时注意及时排水，做到田间“雨停水净”。

3. 追肥管理　辣椒耐肥性较强，在施足基肥的基础上，根据不同的生育时期，结合浇水，掌握“轻施苗肥，稳施花肥，重施果肥”的施肥原则，适时、适量追肥。定植后大约7～10天，植株缓苗结束并开始萌发新叶时，结合浇水，可轻施1次“苗肥”，以氮肥为主，每667米^{2}施尿素5千克、三元复合肥5千克。进入开花结果期，重施“花肥”1次，以三元复合肥为主，适当增施磷、钾肥，采用穴施的方法，每667米^{2}一次性追施三元复合肥25～30千克。盛果期及时追施2～3次“果肥”，以三元复合肥为主，每667米^{2}施三元复合肥15～20千克，一般每浇水2～3次，追肥1次。此外，在辣椒生产过程中，根据需要，结合喷药，选用叶面肥料追施。

4. 植株调整　通常情况下，露地春茬辣椒栽培不需要整枝打杈；但为防止雨水、刮风等使植株倒伏，需要采用竹竿支撑。地膜覆盖连秋栽培的，如果植株生长过旺，需要整枝，抹去门椒以下的所有侧枝，在第三层果实处发生的两条分枝，当其中一条弱枝现蕾后，留下花蕾和节上的叶，掐去新抽生的两条分枝，而另一条强枝出现第四层花蕾和分枝时，则留强枝和花蕾，于第一节处掐去弱枝，

以后每层花蕾和分枝后，都在第一节处掐去弱枝。

5. 中耕除草　地膜覆盖栽培，特别是采用黑色地膜覆盖，杂草生长受到抑制，只需要在定植初期，对畦沟进行 2～3 次中耕除草。中耕时注意保护好地膜，同时严密封闭定植孔，避免透气。露地辣椒无地膜栽培的，在缓苗结束后，适度中耕培土 1～2 次，提温保墒，促使植株萌发新根；植株封垄前，结合除草，再进行 1 次中耕培土，可使植株根系发达，支撑能力增加，抗倒伏能力增强。

六、适时采收

采收要及时，特别是门椒、对椒要适当早收，既可增加收入，又能减少同上层果实争夺养分及“坠棵”，影响植株均衡生长和连续开花坐果。对于长势弱的植株宜早采、重采；对生长势较强的品种或生长较旺的植株，应晚采、轻采，以调节营养生长与生殖生长的平衡关系，保持植株正常生长开花结果，避免周期性结果现象的产生。采摘时，不可翻动植株，以免损伤根系与枝条。装筐运输，忌在雨天采果，更不能在采收后立即包装，以防果实腐烂。

第二节　夏秋茬露地辣椒栽培

一、选用良种

夏秋茬露地辣椒上市期主要在 8～10 月份，生产的主要时间是在炎热多雨的“三伏天”，高温多雨不仅不利于辣椒的生长，而且也会诱发多种病虫害。因此，必须选

用耐热、耐湿、抗病毒病能力强的中、晚熟品种，如果需要远途运输，还必须选用耐贮运的优良品种，主要品种有中椒105号、中椒106号、湘研809、京辣8号、辣优12号、好农8号等。

二、培育壮苗

1. 育苗时间　根据上茬作物的腾茬时间，确定播种育苗时间，夏秋辣椒栽培日历苗龄60～80天左右，通常在3月下旬至4月上旬播种，华南地区在1月上中旬或在4月下旬播种育苗。

2. 育苗方法　一般采用塑料小拱棚作为育苗设施，采用穴盘育苗，一次性成苗。出苗前保持苗床温度25℃～30℃，夜间覆盖草苫保温。出苗后，白天温度控制在20℃～25℃，晚上14℃～16℃，超过28℃及时通风，防止徒长。保持育苗基质湿润，基质相对含水量60%～70%。苗期应尽可能增加光照时间。注意病虫害防治，做到带药定植。

三、定植前准备

1. 茬口安排　夏秋茬露地辣椒栽培，在粮作产区，适宜与玉米、小麦、大豆、高粱套作或间作栽培，在蔬菜产区，适宜与葱蒜类轮作或与西瓜、甜瓜间作。选择土层深厚、富含有机质、土壤肥沃的地块，前茬作物收获后，深耕土壤25～30厘米。

2. 施足基肥　结合整地，每667米^{2}施入优质腐熟厩肥3 500～4 000千克左右、三元复合肥50千克、过磷酸钙

50 千克。有机肥施用时，一半全田撒施，一半沟施；三元复合肥、过磷酸钙全部沟施。

3. 整地做畦　露地辣椒夏秋茬栽培，雨水较多，容易发生涝害与土传性病害，通常采用高畦或高垄栽培，以利于排水防涝。定植前 15 天整地，耙平后做垄或做畦，高度 20～30 厘米。

四、定　植

1. 适时定植　露地辣椒轮作栽培，待前茬作物腾空后即可定植；与大田作物套种栽培，如与小麦套种，一般在小麦收获前 15～20 天，将幼苗定植在预留的空带内。露地夏秋茬辣椒栽培通常在 6 月中下旬定植。

2. 合理密植　一般采用大小行种植，大行距 60～70 厘米，小行距 40～50 厘米。适度密植，有利于早封垄，降低地温，保持畦面湿润，为辣椒生长创造良好的生长环境条件。穴距 30～35 厘米，每 667 米^2 种植 4 000 穴左右。

3. 定植方法　夏秋茬辣椒定植时气温较高，应选择在阴天或晴天傍晚进行，避免幼苗因失水过快发生萎蔫。定植前 1 天傍晚或定植当天上午浇足苗床水，运苗与起苗时小心操作，避免根系散坨，尽量减少根系的损伤。定植时，按穴距在垄面上挖穴，植入幼苗，每穴单株或双株，覆土与子叶持平，及时浇透定根水，做到“随栽、随覆土、随浇水”。

五、田间管理

1. 浇水管理　辣椒定植缓苗后至开花坐果前，适当

控制浇水，保持地面有湿有干即可，以免植株徒长，落花落果严重；植株开花结果后，需水量需求增加，要适时适量浇水，保持地面的湿润，以免浇水不及时而影响整体产量。7～8月份，温度较高，浇水要在早、晚进行，可以降低地温，有利于植株健壮生长，对病害的抵御能力提高。降雨致使田间发生积水时，要做到随时排除。因浇水、降雨造成土壤板结后，植株根系不易吸收水分与氧气，叶片颜色变淡、发黄，要及时中耕保墒，增加土壤与根系水、气、养分的交换。

2. 追肥管理　辣椒较耐肥，随着植株生长发育，对营养的吸收量增加，结果盛期对营养成分的需求量最大，如果肥水不足，果实发育不整齐，果实变小，产量明显降低。门椒坐果后，结合浇水要追施1次催果肥。每667米^{2}可施尿素15～20千克、过磷酸钙20～25千克，缺钾时应施硫酸钾10千克。以后在“对椒”和“四门斗”开始膨大时各追肥1次。追肥可以穴施，也可以随水浇灌。前者要注意深施、封严，后者要注意施肥量，以防烧苗。除根系追肥外，还要选用叶面肥追施，如选用0.2%～0.4%磷酸二氢钾浸出液，或0.2%～0.3%尿素溶液，或2%过磷酸钙浸出液，叶面追肥可延长叶片寿命，促进植株生长发育，增强植株抗病能力，增产显著。

3. 整枝打杈　辣椒露地栽培，适当整枝和摘除多余的侧枝，有利于改善田间的小气候栽培环境条件，提高群体的通风、透光性能，可防止植株徒长，减少营养消耗，促进植株开花结果，可以达到增效、增产、增收的多重目的。

对于生长过旺的植株，打去主茎上的侧枝，必要时抹去主枝上的侧芽，同时摘除老叶、病叶。整枝打杈要适度，避免营养生长面积低影响产量，避免枝叶过少使阳光直射果实诱发果实日灼病。

4. 保花保果　夏秋茬栽培，植株的门椒、对椒开花结果时，正值高温、多雨季节，很容易出现落花落果的现象。在开花前，适当控制浇水，保持土壤相对含水量50%～60%，防止植株徒长引起落花落果。在开花期，适当增施钾肥，如选用0.2%磷酸二氢钾溶液叶面追肥，保花保果的效果较好。如果落花现象严重，可选用1%防落素水剂30～50毫克/升溶液，喷花，具有较好的保花保果效果。使用防落素时，注意防止药液飞溅到幼嫩茎叶上。

六、适时采收

露地辣椒栽培，定植后40天左右，果实充分膨大，果实表面具有一定光泽，应及时采收上市。门椒、对椒应适时提早采收，不但可以增加前期产量和效益，而且可避免因采收过迟引起植株"坠棵"，从而确保植株上层果实的生长发育，保持植株的持续开花坐果的性能。

第三节　南菜北运露地辣椒栽培

一、适用品种

南菜北运露地辣椒栽培主要在广东（湛江、茂名）、海南、广西等地区生产，要求品种抗寒、早熟、产量高、品质

优、抗逆性能好、耐贮藏运输、符合北方销售市场的消费习惯，主要品种有苏椒16号、苏椒5号博士王、中椒105号、中椒106号、京甜3号、兴蔬205、海椒5号等。

二、培育壮苗

1. 育苗时间　根据播种与收获的时间，交错安排播种季节，做到均衡上市，避免旺季滞销价贱。根据北方地区的市场需求特点，南菜北运基地辣椒栽培分为秋种冬收和冬种春收两种类型，播种育苗时间主要根据当地水稻腾茬时间推算确定。秋种冬收通常在9月中旬前后播种育苗，日历苗龄30天左右；冬种春收通常在10月上旬前后播种育苗，日历苗龄40天左右。

2. 育苗方法　选择背风向阳、地势高燥、土质肥沃、近2～3年内没有种植过茄科作物的地块建设苗床，采用穴盘育苗方法，一次性成苗。播种后，均匀覆盖基质，覆土厚度1厘米左右，在畦面上覆盖无纺布保湿。当种子开始拱土时，及时撤出苗床表面的无纺布，以防幼苗徒长。齐苗后，让幼苗充分见光。定植前，揭除覆盖物，控制肥水，通过炼苗提高壮苗率。育苗期间，避免苗床受到大风、大雨的侵袭。

三、定植前准备

1. 茬口安排　选择土层深厚、土壤肥沃、排灌两便的地块种植，产地环境符合无公害标准。为防止连作障碍，避免与茄科作物连作，最好实行水旱轮作，秋种冬收主要与早熟水稻轮作，供应期是在冬季，冬种春收与中熟品种或晚熟品种轮作，供应期是在春季。

2. 施足基肥　南菜北运栽培对辣椒的丰产性、果实商品性要求较高，定植地块应施入足够的基肥，以满足辣椒开花坐果对营养成分的需要。基肥应以有机肥为主，同时施入速效肥料。每 667 米^2 施用充分腐熟有机肥 4 000～5 000 千克、饼肥 150～200 千克、三元复合肥 40～50 千克、过磷酸钙 40～50 千克、硫酸钾 25～30 千克，为提高肥料利用率，2/3 肥料全田撒施，1/3 肥料沟施，结合整地，充分深翻、耙匀。

3. 整地做畦　为防止田间积水，可采用高畦栽培。对于排水良好的坡地或高坎平地，可采用宽畦栽培，畦宽 150～200 厘米，沟宽 40 厘米；对于水稻地或低洼平地，可采用窄畦栽培，畦宽为 80～120 厘米，沟宽 40 厘米。对于水源紧缺、土质偏沙、温度偏低的地区，应采用地膜覆盖栽培。耙平畦面后，选用白色地膜或黑色地膜覆盖，四周要用土块封严盖实，以发挥地膜的增温、保湿性能。

四、定　植

1. 适时定植　在前茬作物收获腾茬后，当幼苗达到壮苗标准时即可定植。要求幼苗具 6～7 片叶，节间短，茎秆粗壮，叶色浓绿，无病虫为害。秋种冬收通常在 10 月中旬定植，冬种春收通常在 11 月中旬定植。

2. 合理密植　根据土壤肥力、品种特性、雨水量等因素，确定定植的密度。采用宽畦栽培，一般可种植 4 行；采用窄畦栽培，通常采用双行种植。平均行距 40～50 厘米，穴距 30～35 厘米，每 667 米^2 可定植 3 500～4 000 穴。

3. 定植方法　定植宜选择在晴天下午或阴天进行。定植前1天,浇透苗床水。平稳运苗,小心取苗,保持根系的完整性,有利于缩短缓苗时间,提高定植成活率。按穴距开穴,植入幼苗,壅土压实,理平地膜,定植后及时浇透定根水,尽量做到"随栽苗,随浇水"。定根水宜采用水管逐棵浇灌,避免大水漫灌,以防土壤湿度过大导致植株沤根。

五、田间管理

1. 水分管理　露地辣椒栽培水分管理,根据植株生长发育阶段、天气、温度等情况,灵活掌握浇水时间和浇水量。定植后5～7天为植株缓苗期,需要浇水1次,促进植株缓苗。当幼苗有新叶长出,表明植株已经活棵,及时浇1次水,促进植株生长。在门椒开花坐果之前,适当控制浇水,促使植株发棵,协调植株营养生长与生殖生长的平衡。在门椒坐果以后,及时浇水,以提高前期坐果率。大量开花坐果期间,必须及时浇水,保证果实质量和总体产量。封垄前,土壤水分蒸发量较大,要做到"小水勤浇";封垄后,土壤水分蒸发量相对减少,可以根据土壤墒情适时灌溉。浇水方法尽量采用逐棵浇灌法,如采用沟灌浇水,必须做到"速灌,速排",以免田间积水,造成植株萎蔫,诱发病害。

2. 肥料管理　辣椒南菜北运栽培,以大果型辣椒品种为主,采收次数多,采收量大,对营养成分需求量较高。缓苗结束后至开花前,结合浇水,轻施1～2次提苗肥,以少量的复合肥为主,每667米^{2}追施三元复合肥5～10千克。进入开花坐果期，为促进辣椒植株分枝、开花、坐果，适当增施钾肥与硼肥，每 667 米^2 施入三元复合肥 15～25 千克、硫酸钾 5 千克、硼肥 2 千克，也可选用辣椒专用高效冲施肥追施。进入结果盛期，植株生长需要充足的营养，施肥种类则以三元复合肥为主，适量增加钾肥，一般每采收 1～2 次追肥 1 次。另外，根据植株长势，选用叶面微肥追施，促进植株健壮生长，保花保果。露地栽培，注意追肥方法和效率，一般结合浇水穴施或结合灌水沟施，田间土壤含水量太大时不宜追肥。

3. 植株调整　初果期后，为减少养分消耗，要及时抹除门椒以下的侧枝、腋芽，同时摘除基部老叶、病叶，增加通风透光，减少病虫害发生。对于生长势强的品种，适度整枝打杈，以植株间不遮光、不影响通风透气为原则，同时避免果实暴露在直射阳光下。

4. 中耕除草　地膜覆盖栽培，抑制了畦面杂草的生长，只需要在封垄前，清除畦沟中的杂草。没有采用地膜覆盖栽培，由于浇水、施肥、降雨等因素，容易造成土壤板结，墒情破坏，应在缓苗后、门椒开花后、封垄前，中耕培土 2～3 次，中耕、培土、除草可同时进行。采取中耕培土措施，不但可以促使植株生长健壮、抗病性增加、抗逆性增强，而且还可以提高植株抗倒伏能力。中耕的深度和范围以不损伤植株根系为准，缓苗后的中耕宜深，封垄前的中耕宜浅；尽量从畦间的沟中取土，增培到辣椒植株茎基部。

六、适时采收

1. 分批采收　辣椒露地栽培，一般在定植30天后，果实商品成熟时，根据市场行情，及时采收上市。对下层的果实要及早采收，以免因采收迟造成植株坠棵。采用分批采收的方法，保证植株的持续坐果，促进后期的果实膨大，提高果实的商品品质，争取最大的经济效益。

2. 包装运输　南菜北运辣椒大都外销，包装、运输应符合要求。用于包装的容器应按产品的大小规格设计，包装箱要整洁、干燥、牢固、美观、无污染、无异味、内壁无尖突物、无虫蛀、无腐烂、无霉变等。每个包装应有产品名称、品种名称、执行标准、生产企业（或经销商）、详细地址、产地、等级、重量、采收日期等标识。运输前应进行预冷，运输过程中要保持适当的温度和湿度，注意防冻、防雨淋、防晒、通风散热，禁止与有毒、有害的物品混运。

第四节　露地干辣椒栽培

一、适用品种

干辣椒为我国传统种植的作物，品种类型较多，应选用优质、抗病、丰产、干物质含量高、易干制、商品性好、适应市场需求的品种，如望都辣椒、鸡泽辣椒、益都红、湘辣2号、8819线椒、小米辣、干椒3号、新一代三樱椒、金塔等。

二、培育壮苗

1. 育苗时间　干辣椒栽培，适宜的日历苗龄为60～70天，通常需要根据前茬作物的腾茬时间适当提前育苗，以充分提高土地利用率，增加经济收入。长江流域地区多在3月下旬至4月上旬播种，华南地区多在3月份播种育苗。

2. 育苗方法　传统的干辣椒栽培，多采用直播的方法，需种量较大，产量低且不稳定；育苗栽培有利于干辣椒的高产、高效栽培。采用穴盘育苗方法，播前对种子消毒。种子发芽出土前保持较高的温度，以28℃～30℃为宜。幼苗出土后，加强苗期管理，保持白天在25℃～27℃、夜间18℃～20℃，保证幼苗健壮生长。苗期注意病虫危害。定植前10天适当控制浇水，以控苗为主，促进根系生长发育。

三、定植前准备

1. 茬口安排　要求在地势高燥、排水良好、肥沃深厚、土壤偏酸性的地块中生长，避免与番茄、茄子、烟草、马铃薯等茄科作物连作，适宜与小麦、大豆、高粱等大田作物或与葱蒜类蔬菜作物轮作，或与玉米、花生、西瓜、甜瓜等作物进行间作、套作，从而提高土地利用率，避免土传性病害的传播与蔓延。庄灿然等(2010)总结了辣椒与粮食作物、蔬菜作物、经济作物的多个套作模式。

(1)与玉米套作　玉米与辣椒的种植比例为1∶4，即每隔4行辣椒套作1行玉米。辣椒行距66.5厘米，穴距

25～30 厘米，每 667 米^2 种植 2 000 穴；玉米行距 266 厘米，穴距 80 厘米，每 667 米^2 种植 500 穴。

（2）与小麦套作　小麦与辣椒的种植比例为 5∶2，即在套作带幅内每播种 5 行小麦种植 2 行辣椒。辣椒行距 66.5 厘米，穴距 25～30 厘米，每 667 米^2 种植 2 000 穴；小麦条播，行距 16.5 厘米。

（3）与西瓜套作　西瓜与辣椒的种植比例为 1∶2，即在高畦中间种植 1 行西瓜，在西瓜两侧各种植 1 行辣椒。辣椒行距 66 厘米，穴距 33 厘米，每 667 米^2 种植 2 000 穴；西瓜行距 200 厘米，穴距 50～60 厘米，每 667 米^2 种植 550～650 穴。

（4）与花生套作　花生与辣椒的种植比例为 4∶2，即在套作带幅内种植 4 行花生，两侧各种植 1 行辣椒。辣椒行距 50 厘米，穴距 26 厘米，每 667 米^2 种植 2 500 穴；花生行距 40 厘米，穴距 50～60 厘米，每 667 米^2 种植 4 500 穴。

2. 施足基肥　干辣椒栽培，应重施有机肥、增加钾肥，增加土壤有机质含量，提高果实干物质含量。每 667 米^2 施用优质腐熟厩肥 3 000～3 500 千克、饼肥 100 千克、过磷酸钙 30 千克、硫酸钾 50 千克、硼肥 1 千克，可沟施，结合整地，深翻入土。

3. 整地做畦　干辣椒栽培适宜采用高畦栽培，畦间沟宽 30～40 厘米，畦高 15～20 厘米，窄畦面宽 70～80 厘米，宽畦面宽 140～160 厘米，每畦种植 2 行或 4 行。

四、定　植

1. 适时定植　当日平均气温达到 15℃以上、10 厘米地温稳定在 12℃以上时，前茬作物收获腾茬后，即可定植，长江流域地区常在 5 月底至 6 月中旬定植，华南地区常在 5 月上旬定植。

2. 合理密植　根据品种特性、土壤肥力、气候环境，选择合适的栽培密度。干辣椒品种的株型较小，特别是朝天椒植株直立，株型紧凑，更需合理密植。高产田块适当稀植，低产田块适当密植，对于肥力中等地块，一般行距 40～45 厘米，穴距 25～30 厘米，每 667 米^2 种植 5 000～6 000 穴，每穴单株、双株定植。

3. 定植方法　定植前 1 天浇透苗床水，起苗时尽量小心操作，避免损伤根系。定植时，按穴距在垄面上挖穴，植入幼苗，定植深度以子叶露出畦面为宜，壅土压实，及时浇透定根水，做到“随栽、随覆土、随浇水”，保证幼苗的成活率。

五、田间管理

1. 水分管理　定植时浇足定根水，在缓苗期内浇灌 1 次缓苗水，可以有效促进幼苗缓苗，并注意查苗、补苗。缓苗结束后，此时地温仍然偏低，适当控制浇水，以免土温降低，不利于植株的发根。进入开花结果期后，及时补水，保持土壤的不干不湿的状况，在高温来临之前，确保植株正常开花结果并形成产量，这段时间内可 7～10 天浇 1 次水，遇雨不浇。进入夏季高温多雨季节，注意及时排水防涝，并要防止土传病害的蔓延。果实进入老熟期后，要减少浇水或停止浇水，促进果实的转色，提高果实干物质的累积量。

2. 追肥管理　干辣椒定植后，力求在高温、多雨到来之前搭成丰产架子。缓苗后，结合浇水，追肥1次，每667米²施入专用复合肥15～20千克。门椒和对椒坐住后，再进行第二次追肥，每667米²施入专用复合肥20千克左右。侧枝大量坐果时，选用复合肥或辣椒专用冲施肥，追肥1～2次。为提高干辣椒的坐果率，结合病虫害防治，选用0.3%～0.5%硼砂溶液，或0.2%磷酸二氢钾溶液，叶面喷施。结果后期则要控制追肥，特别是要控制氮肥的用量，以免因施肥过多，植株营养生长过旺，影响果实的转红。

3. 整枝打杈　干辣椒有无限分枝型和有限分枝型两种类型。无限分枝类型会自行封顶，一般不需要摘心打顶。对于无限分枝类型的干辣椒，在主茎长有15片叶左右现蕾时，摘除主干的顶心，以促进侧枝发展，增大单株营养面积，有利于提高产量。肥力不高、雨水少的地区进行干辣椒栽培，植株生长势不强，侧枝不多，通常不需要摘心打顶。

4. 中耕培土　浇过缓苗水后，表层土壤变干发白时，要及时中耕松土，促进根系发展，中耕深度可稍深，以不伤根系为前提。在封垄前，中耕、培土、除草2～3次，从而提高土壤保肥、保墒能力，促进植株健壮生长，抗倒伏性能增加，抵抗大风、暴雨的能力增强。

六、适时采收

1. 分批采收　干辣椒必须等到果实完全红熟但没有干缩变软时采收；果实在没有完全变红时采收，晾干后果皮发黄、发青，影响外观商品质量。对于干制辣椒的果实，应该成熟一批采收一批。在采收末期，也可连棵拔起，让果实后熟一段时间再行采摘。

2. 晾晒烘干　为防止果实发生霉变，采收的果实要及时晾晒或烘干。晴天采后最好放到干草帘上晾晒；如采后遭遇阴雨天气，需要采取人工烘干措施。干制辣椒果实充分干燥的标准是，摇动时响声清脆，果实一折即断，捻之果皮破碎。为了提高经济效益，还需要按照干辣椒的收购标准，分拣出优、劣产品，分级上市销售。

第五节　高山露地辣椒栽培

一、选用良种

高海拔山区露地辣椒栽培，由于入春入夏迟、入秋入冬早，气温低于平原地区，辣椒生长、采收期均短，应选中早熟、耐寒、耐湿、抗病抗逆、优质丰产、易坐果、连续结果能力强、采收期长、耐运输的辣椒品种，如中椒 106 号、中椒 107 号、苏椒 16 号、兴蔬羽燕、博辣红帅、京甜 3 号、汴椒 1 号、渝椒 5 号等。

二、培育壮苗

1. 育苗时间　生理苗龄的大小应在定植时大部分植株现蕾为宜。高山辣椒栽培播种育苗时间，因高山的气候条件、育苗设施的差异而不同，通常在 2 月下旬至 3 月上旬播种育苗，日历苗龄为 40 天左右。

2. 育苗方法　应选择在地势高燥、排水良好的大中棚内建设苗床，采用穴盘育苗一次性成苗育苗方法。播种前做好苗床、基质、种子的消毒工作。齐苗前，以保温、保湿管理为主，促进种子发芽。齐苗后，适当降低苗床温度，适度通风排湿，避免幼苗徒长，防止猝倒病、立枯病、灰霉病、蚜虫等病虫害的发生。移栽前10～15天，逐渐延长通风时间、加大通风量进行炼苗，直至揭去覆盖物，以适应高山露地的栽培环境，缩短缓苗时间，提高成活率。

三、定植前准备

1. 茬口安排　避免与茄科作物连作，最好选择与葱蒜类蔬菜作物轮作，也可选择与玉米等经济作物套种，尽量选择排灌方便、土质疏松、土层深厚、交通便利的地块种植，定植前20～30天，必须清茬，前茬作物的病残体要全部清除出田，深耕，晒垡。

2. 施足基肥　高山辣椒栽培，以基肥为主，要求每667米^{2}施入腐熟有机肥2 500～3 000千克、饼肥75～150千克、过磷酸钙50千克、三元复合肥60千克，对于酸性过重的土壤，增加施入生石灰200千克。

3. 整地做畦　高山辣椒栽培，适宜采用高畦栽培，畦面宽度70～80厘米，畦间沟宽度20～30厘米、深度20～30厘米，畦面做成中间拱起的龟背形。整平畦面后，选用白色地膜覆盖畦面，拉紧，四周覆土压实。高山栽培气温相对较低，覆盖地膜不仅可以提高地表土温，而且可以有效控制地表水分的蒸发。

四、定　植

1. 适时定植　根据前茬作物的腾茬时间确定定植时期，如利用冬闲地种植，可适当提前定植。由于高山辣椒栽培的生长期相对较短，当日平均气温稳定在15℃时，及时定植，通常在5月中下旬至6月初定植。

2. 合理密植　根据品种特性、土壤肥力确定种植密度。高山地区气温相对较低，植株生长势不强，采用双行栽培，适宜定植的行距40～50厘米，穴距30厘米左右，每667米^{2}可定植4 000～4 500穴。

3. 定植方法　定植宜选择在晴天进行。按穴距在地膜下开穴，植入幼苗。定植深度以子叶稍高于畦面为宜。定植时，小心操作，尽量保持穴盘苗根坨的完整性，充分发挥穴盘苗缓苗快、发棵早的优势。定植后及时浇透定根水。

五、田间管理

1. 水分管理　高山辣椒栽培，前期地温低，辣椒根系弱，植株生长势弱，浇水不宜多，应在晴天的中午进行。进入开花结果期后，根据天气情况，及时浇水，以保持畦面土壤的湿润状态，确保植株的发棵，保证果实的坐果和膨大。在干旱季节，应及时浇水，以增加植株后期的产量。

高山辣椒栽培，在高温干旱来临前，可以就地取材，选用稻草、麦秸、杂草等铺盖畦面，具有降低地温、防止雨水冲刷土壤、保持土壤疏松、保肥、保湿、促进根系生长、抑制杂草生长等多重作用。

2. 肥料管理 植株缓苗结束后，追施1次提苗肥。为了促使辣椒多分枝、多结果，在植株开花后、门椒坐果时，结合浇水或降水，每667米^{2}追施蔬菜专用复合肥10～15千克。为保证植株的均衡生长，在结果盛期，选用0.2%磷酸二氢钾和0.1%硼砂的混合溶液，叶面喷施3～4次，保花保果的效果较好，有利于增加高山辣椒栽培的产量。

3. 整枝搭架 根据植株的生长情况，确定是否打杈，对于长势旺的植株，选择晴天，及时剪除主茎上的侧枝，以减少养分的损耗，增加整株结果率，提高果实的商品性状。为防止辣椒植株倒伏，可用小竹竿逐株支撑或搭建简易支架固定。

4. 中耕除草 采用地膜覆盖栽培，及时清理围畦沟内杂草，保持畦沟的畅通。未采用地膜覆盖栽培，由于定植后气温升高，雨水增加，杂草也随之增多，需要及时中耕、培土、除草。

六、适时采收

高山辣椒栽培，根据市场行情，采收青椒或红椒上市。为了提高单产与获得较好的经济效益，前期果实宜早收，生长瘦弱的植株更应及时采收。在结果盛期，选择充分膨大、果肉脆硬、果色深绿或深红的果实采收。

第五章

大棚辣椒高效生产

第一节 大棚春提早辣椒高效生产

一、选用良种

塑料大棚春提早辣椒栽培的主要目的是争取前期产量，因此需要选用熟性早、耐低温弱光、坐果率高、膨果速度快、前期产量高、抗逆性强、果实商品性好的辣椒品种，主要有苏椒16号、苏椒17号、苏椒5号博士王、苏椒11号、苏彩椒1号、苏椒13号、福湘早帅、福湘探春等。

二、培育壮苗

1. 育苗时间　塑料大棚辣椒春提早栽培，生理苗龄的大小应在定植时大部分植株现蕾为好。冷床育苗，适宜的日历苗龄为110天左右，10月中下旬播种为宜；温床育苗，适宜的日历苗龄为60～70天，通常在12月中下旬至翌年1月上中旬播种。

2. 育苗方法　选择地势高燥、排水良好的日光温室或大棚建设电热苗床，选用72穴标准穴盘，选用辣椒育苗专用基质，采用一次性成苗或分苗的育苗方法。播种后，覆盖无纺布、地膜、草苫等保温保湿。出苗前保温保湿，有40%～50%的种子发芽出土后，及时揭去无纺布与地膜，有70%～80%的幼苗出土后，揭开小拱棚通风，以降低苗床湿度。出苗后保持白天温度25℃～28℃、夜间温度18℃～20℃。分苗在幼苗具2～3片真叶时进行。苗床以偏干为好，床土干燥时选择在晴天中午浇水，阴天、雨天、雪天避免浇水。视幼苗长势，选用叶面肥或速效肥追肥2～3次。注意苗期猝倒病和立枯病的防治。移栽前7～10天，逐渐加大通风量、延长通风时间，进行低温炼苗，以适应定植后的栽培环境条件。

三、定植前准备

1. 茬口安排　选择前茬为非茄科作物的大棚栽培，实行水旱轮作（如“稻椒轮作”）或与葱蒜类蔬菜作物轮作，有利于辣椒的优质、高效、安全的生产。前茬作物收获后，及时清茬，深翻土壤，冻垡、晒土，以改良土壤的结构，杀灭土层中的病原菌与虫卵。搞好冬耕、冬灌和冬施肥的定植前准备工作。

2. 施足基肥　基肥以肥效持久的有机肥为主，每667米^{2}施用优质农家肥料5 000千克、饼肥100千克，同时施入过磷酸钙50～100千克、硫酸钾50千克。基肥不宜使用含氮量较多的速效肥，农家肥、饼肥等有机肥必须预先充分腐熟后才能使用，否则易损伤植株根系，诱发各种病虫害。塑料大棚施肥，通常结合耕地进行，全棚均匀撒施，翻入土壤。有机肥运入大棚后，需要及时撒施，避免堆积时间过长，造成局部肥害。

3. 整地做畦　土壤要深耕，耙细耙平，表面不能出现坑洼。依据当地种植习惯采用高畦栽培或高垄栽培，一般采用高畦栽培，大棚中间预留宽度80厘米左右的走道，两侧各做1畦，畦高20厘米左右，畦宽1.8～2米。畦面做好后，预先在植株行间铺设滴灌软管，选用白色地膜覆盖畦面，四周用土块封严压实。采用膜下软管滴灌补

水，用水量减少，不但有利于提高地温，促进辣椒根系生长，早发棵，早采收，而且可以降低大棚内的湿度，不易诱发病害。

为防止辣椒土传性病害的发生与蔓延，整地完成后，开沟，沟间距离 15 厘米，深度 15 厘米，每 667 米^2 选用 40%威百亩水剂 25～40 千克，对水 500 升，将药液均匀喷洒于沟内，然后覆土压实，覆盖地膜密闭，7 天后揭开地膜，松土 1～2 次，7 天后定植。

四、定　植

1. 适时定植　根据塑料大棚的保温情况及配套的保温设施，选择合适的定植时间，长江中下游地区一般在 2 月中下旬定植。采用双层大棚栽培、多层覆盖栽培，可以适当提前定植时间。

2. 定植密度　根据品种特性而定，对生长势较旺、开展度较大、叶量较大的品种可适当稀植，对叶量较少、叶片较小的早熟品种，适当密植。一般按行距 40～50 厘米、穴距 30～35 厘米开穴，每 667 米^2 种植 3 500～4 000 穴。由于大棚春提早栽培前期的价格较高，管理水平较高的农户可以适当增加定植密度，以保证前期产量，争取经济效益的最大化。

3. 定植方法　选择晴天定植。定植前 1 天，浇透苗床水。定植时，按株行距在地膜上打穴，从穴盘中轻轻取出穴盘苗，注意保护好幼苗的根系，植入定植穴中，扶正，围土，稍用力压实，理平地膜，一次性浇足定根水。穴盘苗定植的深浅度要适宜，不能过浅或过深，一般以根坨表面略低于畦面、子叶高出畦面为宜。

为了保证前期产量的收获，定植完成后，选用竹片、细竹竿、塑料纤维杆等材料，在畦面上搭建小拱棚，小拱棚高70～90厘米，拱间距50～60厘米，根据外界气温情况，覆盖1～2层农膜、1层草苫保温。

五、田间管理

1. 温度管理　在定植初5～6天的缓苗期内，密闭大棚保温，以促进幼苗活棵。缓苗后，适当降低棚内温度，以防徒长，保持白天温度25℃～28℃，夜间温度以16℃～18℃为宜。随着外界气温逐渐升高，逐渐撤去小拱棚，逐渐加大通风量和延长通风时间，促使辣椒植株生长健壮、节间短、坐果多。长江中下游地区在4月20日前后，夜间外界温度稳定在15℃～16℃以上时，傍晚不再关闭通风口，进行昼夜通风。进入炎夏高温季节，可将两侧薄膜掀起，保留顶膜作避雨栽培，也可全部撤除薄膜，进行露天越夏栽培。

2. 水分管理　在缓苗期内，一般不需要补水，以免因浇水而导致土壤温度降低，不利于植株的缓苗。缓苗后及时浇水，满足植株发棵的需水要求。开花坐果期为水分关键时期，土壤不能干旱，需要及时浇水。大量开花结果时，营养生长与生殖生长旺盛，需要的水分也随之增多，但是土壤含水量不宜过高，否则会造成根系缺氧窒息，形成生理性干旱，引起落叶，甚至引起青枯病、疫病、菌核病及根腐病的发生，通常保持土壤相对含水量70%～80%。植株生长前期，温度低，以中午前后小水浇

灌为宜，水温不能过于冷凉；植株生长中后期，气温逐渐升高，土壤水分蒸发快，植株的蒸腾量增大，浇水量相应增大，一般在早晚"天凉、地凉、水凉"时段浇水。浇水前注意天气变化，阴雨天来临前不宜浇水，浇水后及时通风排湿，以免大棚内湿度过大。

3. 肥料管理　辣椒植株缓苗后，结合浇水，及时追施提苗肥，每667米^{2}冲施三元复合肥10千克。门椒长到2～3厘米大小时，追施促果肥1次，每667米^{2}冲施三元复合肥10～15千克。在盛果期，需要及时追肥，促进植株果实膨大，维持植株连续结果性能，避免因缺肥造成植株坐果"断层"。盛果期追肥，一般每浇水1次，追肥1次；也可掌握每采收2～3次追肥1次的原则。盛花盛果期，对营养元素的吸收达到高峰，必要时喷施叶面肥，如0.3%磷酸二氢钾溶液、0.2%硝酸钙溶液等，提高植株保花保果性能，预防果实脐腐病发生。生长后期，根系活力有所降低，吸肥能力衰退，可以结合防病治虫，叶面追施0.3%磷酸二氢钾或尿素溶液，肥料用量小，肥效快。

4. 光照调节　通过合理密植可以提高大棚春提早栽培的前期产量，但若种植密度过大，往往造成叶片相互重叠，下部叶片的光照强度低于光补偿点，在此期间，还经常遇到低温弱光照天气，大棚内光照条件较差，常常引起叶片黄化甚至脱落，还易造成落花落果。为增加棚膜透光率，应选用流滴性强、透光率高的农膜，如选用PVC（聚氯乙烯）无滴膜或EVA（乙烯-醋酸乙烯共聚物）多功能复合膜覆盖。前期低温阶段，不论是晴天、阴天，在植株不受冷害的前提下，早揭晚盖小拱棚草苫，让植株多见光，增加大棚内的光照时间，提高光补偿点，增强叶片的光合作用。每天揭去草苫后，要及时清扫膜面的草屑和灰尘。在雪天，及时扫除大棚上积雪，增加大棚内光照，防止积雪压垮大棚。

5. 植株调整　植株生长前期，加强温、光、水、肥的管理，促进植株均衡生长。结果中后期，及时摘除植株下部的老叶、黄叶、病叶和细弱侧枝，既能减少不必要的营养消耗，提高养分利用率，还能改善大棚内的通风透光条件，预防病害的发生与蔓延。

对于株型较高、坐果数较多的植株，可采用吊蔓或搭架的方式，牵引植株向上生长，避免植株倒伏，不但有利于农事操作，而且可改善大棚内通风透光条件。

炎夏过后，植株趋向衰老，结果部位远离主茎，果实营养状况恶化，此时要对植株进行修剪更新，可使植株越夏连秋栽培。通常从第三层果枝（四门斗）的第二节前5～6厘米处短截，“弱枝易重，壮枝宜轻”，修剪后叶面积将减少3/4，修剪后选用50％甲基硫菌灵或72％硫酸链霉素喷雾防病，并加强肥水管理，促进新枝的生长和开花坐果。

6. 保花保果　大棚春提早栽培，由于低温度、弱光照的栽培环境，常常造成植株落花、落果，严重影响前期产量的形成，因此必须加强温度、光照、水分、营养管理，促进植株营养生长与生殖生长的均衡发展，避免植株受到低温侵袭、土壤干旱和积水、植株徒长等现象发生。在加

强农业管理措施的同时，可以适当采用植物生长调节剂保花促果，如选用1%防落素水剂30～50毫克/升溶液，保花保果的效果较好。

六、适时采收

塑料大棚春提早栽培，当果实充分膨大、表面具有光泽时，即可采收上市。前期低温阶段，自开花到商品果采收一般需要25～30天；在适温条件下，开花后15天即可采收上市。对长势较弱的植株，门椒和对椒采收要适当提前，有利于植株正常生长及中后期坐果，避免因采收过迟造成植株“坠棵”；对长势较强的植株，适当延收，避免植株生长过旺，不利于植株持续开花结果。采收时操作要轻，以免损伤、碰断枝条。大棚春提早栽培，前期市场价格较高，价格波动幅度较大，应根据市场行情，适时采收上市，以争取最大经济效益；进入盛果期，根据市场行情，做到“早收、勤收”即可。

第二节　大棚秋延后辣椒高效生产

一、选用良种

大棚辣椒秋季延后栽培，前期高温多雨，后期低温寒冷，应根据当地种植习惯和市场需求，选择果实大小适中、转红速度快、色泽鲜艳、商品性好、耐贮运、高抗病毒病、早中熟品种为宜，如苏椒14、苏椒长帅、苏椒佳帅、汴椒1号、洛椒4号、长剑、格雷、百耐等。

二、培育壮苗

1. 育苗时间　适宜日历苗龄为30天左右，一般不超过40天。塑料大棚辣椒秋延后栽培，播种过早，高温、强光、干旱、暴雨等恶劣天气容易造成幼苗生长障碍，容易出现瘦弱苗、小苗、病苗，诱发病毒病；播种过晚则因生长后期低温寒冷环境，影响果实转红速度，果实的外观品质降低。长江中下游地区可在7月中下旬至8月初播种。

2. 育苗方法　选择地势高燥、排水良好大棚建设苗床，采用穴盘育苗方法，一次性成苗。播种完成后，在大棚外加盖遮阳网遮阴、降温、保湿。出苗期间注意保湿。出苗后加强通风，晴天需要加盖遮阳网遮阴，避免强光照射苗床。苗期外界温度较高，注意观察基质墒情，当基质表层发白时，要及时补水。浇水时间以清晨或傍晚为好，中午前后不能浇水。苗期雨水多，注意避雨管理，以免苗床积水。大棚秋延后栽培的苗期较短，基质养分可以充分满足幼苗生长需要，一般不需要追肥。注意蚜虫和粉虱的防治，可悬挂黄色诱虫板诱杀，必要时使用防虫网隔离虫源。定植前2～3天，幼苗喷施1次杀虫剂和杀菌剂，做到带药下地。

三、定植前准备

1. 茬口安排　选择前茬为非茄科作物的大棚栽培，要求选择地势较高、能浇能排、土壤富含有机质的地块。前茬作物收获后，及时清洁田园，清除植株残体，进行耕翻和平地。大棚秋延后栽培利用7～8月份的高温强光

条件，高温闷棚消毒。具体做法是，深翻土壤25厘米以上，灌入大水，密闭大棚15～20天，可使10厘米地温达到50℃～60℃，不仅可杀死土壤中大部分病菌和害虫，同时还能改善土壤的理化性质。

2. 施足基肥 大棚秋延后栽培，要求在10月中旬低温来临之前形成产量，对肥料的速效性与持久性均有要求，结合整地，每667米^{2}大棚施入有机肥3 500～4 000千克、过磷酸钙50千克、三元复合肥70千克。有机肥必须预先充分腐熟，否则未腐熟有机肥在田间发酵，不但容易滋生病虫害，造成栽培环境恶化，释放的热量还会烧伤幼苗根系，造成植株脱水、逐渐萎蔫甚至死亡。

3. 整地做畦 依据当地种植习惯整地做畦。通常采用高畦栽培，大棚中间预留宽度80厘米左右的走道，两侧各做1畦，畦高15～20厘米，畦宽1.8～2米左右。铺设滴灌带，覆盖地膜，四周用土压实。铺设软管和地膜定植，前期可以防止土壤水分过分蒸发，后期起到保温、降湿作用，有效控制病虫危害。

四、定 植

1. 适时定植 大棚秋延后栽培，当辣椒幼苗达到壮苗标准时即可定植。长江中下游地区、黄淮海地区一般于8月中下旬至9月上旬定植，定植时间不宜过迟。

2. 定植密度 根据品种特性而定，对生长势较旺、开展度较大、叶量较大的品种可适当稀植，对叶量较少、叶片较小的早熟品种，适当密植。等行距或大小行栽培，平均行距50厘米左右、穴距30～35厘米，667米^{2}栽4 000

株左右，每穴单株或双株定植。

3. 定植方法　坚持在大棚内定植，避免雨水影响植株的生长，诱发病害。选择阴天或晴天下午3时以后定植。定植前浇透苗床水，定植时小心起苗，防止根坨松散，避免损伤根系。定植深度以子叶露出畦面为宜。由于气温较高，水分散失较快，为防止植株失水萎蔫，要求边定植、边浇透定根水。定植后理平地膜，用细土封严定植孔。

五、田间管理

1. 温度管理　采用"前期降温、后期保温"的管理原则。定植初期，白天温度高，光照强，外界温度较高，空气干燥，对辣椒生长不利，可昼夜通风，有条件的可覆盖遮阳网遮阴降温。大棚辣椒秋延后栽培，要求在10月中旬低温来临前，基本完成植株的开花坐果。进入10月份后，白天逐渐减少通风，当外界最低气温下降至15℃以下时，晚间密闭棚膜保温，保持白天温度25℃～28℃、夜间温度15℃～18℃。当夜间最低温度降至5℃时，为延长辣椒的采收供应期，需要搭建小拱棚，或采用竹竿在大棚内建设第二道大棚，同时逐渐缩小通风量和缩短通风时间。当寒流来临时，必要时在小拱棚加盖保温被、草苫等保温；同时做到"晚揭、早盖、少通风"，但在天气晴好时的中午前后，需要短时通风换气。

2. 肥水管理　生长前期气温偏高、水分蒸发量较大，应该在早晚"天凉、地凉、水凉"时浇水，防止土壤水分亏缺。严禁在中午气温高、地温高的情况下浇水。一般定

植后第二天补浇1遍水，缓苗后再浇1次提苗水。在开花坐果期，遵循“不干不浇水、干了浇小水”的原则，促进植株开花坐果，严禁大水漫灌。生长中后期温度下降较快，注意适度控水。

3. 肥料管理 地膜覆盖给直接追肥造成不便，因此秋延后大棚栽培肥料以重施基肥为主，追肥为辅，门椒、对椒坐果时，分别追施一次膨果肥，每667米^{2}大棚追施三元复合肥15～20千克，同时选用0.3%尿素溶液或0.2%磷酸二氢钾溶液，每间隔15天交换喷施1次，以促进果实的生长发育。

4. 光照管理 在定植初期，温度较高，光照较强，可在大棚外覆盖遮阳网遮阴，降低大棚内的温度和光照，有利于辣椒幼苗的缓苗。在辣椒生长中后期的冬季，外界温度较低，不论晴、阴、雨、雪天气，只要棚内温度达到5℃以上，每天都要适时揭去保温被、草苫接受光照，遭遇特别寒冷的天气时，也要短时或分段揭开草苫，让植株见光。果实转红后，当温度较高时，需要遮阴降温，避免辣椒果实呼吸作用加强造成果实软烂。

5. 植株调整 植株坐果正常后，要抹除门椒以下的腋芽，对长势弱的植株，摘除门椒甚至对椒，保证植株的均衡生长。11月上旬进入初霜期，商品椒已基本形成后，要及时剪除顶心、嫩梢、无效枝芽和小花蕾，以减少养分消耗，集中供应果实，提高单果重，促进下部果实变红。以红椒为生产目的，一般每株保留15～18个商品果。

6. 活体保鲜 红椒贮藏主要有埋藏法、窖藏法、气调贮藏法等。江苏淮安地区，在全国享有盛誉的“淮安红椒”栽培，通常采用连秧贮藏（即活体保鲜）的方法，待红椒成熟后，通过控光控温、通风排湿等管理手段，保持红果实的新鲜度，延长红椒产品的供应时间。

以红椒为栽培目标的秋延后栽培，当产量基本形成后，控制棚内温度、湿度，延缓植株上青椒的老熟期。温度管理注意保温，低温寒流时，及时加盖薄膜、草苫，保持大棚内温度晴天16℃～20℃、阴天5℃以上。湿度管理，注意保持大棚内一定湿度，要求见干见湿。病虫害防治重点是防治果实病害，每667米^{2}用45%百菌清烟剂200～250克，每隔10～15天熏蒸1次，连续3～4次。翌年气温逐渐上升时，注意及时揭盖覆盖物，通风换气，晴天上午9时后注意加盖遮阳网，防止植株生理性失水造成裂果，延长红椒活体保存时间。

六、适时采收

1. 采收　根据市场行情，待果实充分长足、果肉厚实时，即可分批采收青椒上市；也可等待果色鲜红时，采收红椒上市；通过活体贮藏，可延迟至元旦、春节期间上市，从而获得更高的经济效益。采收时要轻摘轻放，防止机械损伤。

2. 装箱　采用透气纸箱包装，纸箱大小和每箱重量应根据需要而定。按相同品种、等级、大小规格，将果实整齐摆放于箱内，以每箱重量一致为原则。装箱过程中，避免果实间发生摩擦损伤。在纸箱贴上标有品名、产地、等级、生产编码、生产日期的标签，最后将箱口封牢。

第三节　连栋大棚春茬辣椒栽培

一、选用良种

连栋大棚常用作精品蔬菜的生产，因此适宜选用品质优良、果实商品性高的辣椒品种，要求分枝性能好、耐低温耐弱光照、坐果率高、膨果速度快、中前期产量高，主要有苏椒16号、苏椒11号、苏彩椒1号、苏椒13号、福湘探春、杭椒1号、洛椒4号、黄太极、紫贵人、曼迪等品种。

二、培育壮苗

1. 育苗时间　长江中下游地区，采用"连栋大棚＋大棚＋地膜"多层覆盖栽培，一般在11月上中旬利用电热温床育苗；若连栋大棚内仅覆盖地膜栽培，播种期要适当延后，可以在12底至翌年1月上旬加温育苗。

2. 育苗方法　采用穴盘育苗方法培育适龄壮苗。播种前，做好苗床、穴盘、基质的清洁消毒工作。播种后，覆盖无纺布与地膜保温保湿，促进齐苗。当50%～60%幼苗出土后及时揭除无纺布与地膜，白天温度降至23℃～28℃，夜温控制在18℃～20℃。定植前5～7天进行低温炼苗，控制白天温度10℃～12℃，同时要控制水分，减少浇水次数和水量。定植前2～3天，苗床普遍喷洒杀虫剂和杀菌剂1次。

三、定植前准备

1. 茬口安排　连栋大棚栽培，空茬时间短，应避免与

茄科作物连作，尽量利用换茬期间的低温天气冻垡，或利用高温炎热天气进行高温闷棚处理，克服设施辣椒栽培中连作障碍的问题。前茬作物收获后，及时清茬，深翻土壤，必要时采取药剂熏蒸消毒措施。连栋大棚骨架和辅助设施消毒，可选用1%～2%甲醛溶液，均匀喷洒或洗刷后，密闭大棚；土壤消毒，可选用50%多菌灵可湿性粉剂或50%甲基硫菌灵可湿性粉剂300倍液，全棚浇洒，密闭大棚5天。消毒完成后加强通风，待药剂全部挥发后定植。

2. 施足基肥　连栋大棚栽培属于高产、高效栽培，必须施足基地，通常结合整地，每667米^{2}施入优质腐熟有机肥7 000～7 500千克、饼肥150千克、过磷酸钙50千克、硫酸钾20～30千克。

3. 整地做畦　连栋大棚空间大，可采用小型机械进行深耕细耙。连栋大棚的跨度为6.4米、8米、9.6米等，通常每条栽培畦的宽度为1.5米（带沟），每间大棚可分别做畦4条、5条、6条等，畦高15～20厘米，畦间距离50～60厘米。畦面平整后，铺设水肥一体化装置。及时覆盖地膜，根据畦宽选择120厘米宽的地膜，地膜要拉紧压实，尽量避免破损。

四、定　植

1. 适时定植　当辣椒幼苗高15厘米左右、具8～10片真叶时定植。长江中下游地区，一般在2月上中旬定植。

2. 定植密度　每畦定植2行，行距55～60厘米，穴

距 35～40 厘米，每 667 米^2 可定植 1 800～2 000 穴。

3. 定植方法　选择壮苗定植，尽量做到多带土、少伤根、少伤叶。定植深度以子叶略高于畦面为宜，定植后及时浇透定根水。第二天检查幼苗生长情况，扶起倒伏的幼苗，并用细土封严定植孔。

五、田间管理

1. 温度调控　连栋大棚是单个大棚的升级，通常由 5 个单拱大棚连接而成，配套设施齐全，低温阶段的保温性好，高温时可及时打开排风扇通风，也可迅速打开遮阳网遮阴降温，可稳定控制大棚内白天温度 25℃～28℃、夜间温度 18℃～20℃。植株生长前期，要注意保温防冻，避免植株生长不良、落花落果，可以利用连栋大棚的配套设施，加盖农膜或无纺布，进门口处搭建防风障，力争植株早发棵、早封行、早结果。外界气温逐渐升高时，及时打开排风扇，加强棚内的空气流动，同时及时打开遮阳网遮光降温。

2. 水分管理　连栋大棚辣椒栽培，定植后及缓苗期内的浇水，通常采用人工浇水方式，以保证一次性浇足定根水与缓苗水，有利于植株的活棵与缓苗。植株缓苗结束、开始萌发新叶后，采用膜下滴灌，根据植株生长状态、天气状况，适时、适量补水，保持畦面土壤的半干半湿状态，以免影响植株对水分、养分的吸收。采用膜下滴灌补水，可根据水源水压的情况，逐畦或分区浇水；如果水压不够，容易造成近水源端浇水多，远水源端浇水多，容易造成田间植株生长发育不均衡。

3. 肥料管理　根据品种特性、植株长势、生长时期确定追肥时期、追肥量。缓苗结束后、开花后、门椒坐果后、对椒坐果后，需要及时追肥，开花结果盛期需要大量追肥，控制植株营养生长与生殖生长的均衡，提高果实商品性与果实风味品质。连栋大棚栽培，通常采用水肥一体化装置滴灌营养液的方式追肥。追肥时，预先备好营养液，开花前以氮、磷元素为主，开花后以钾、钙、硼、锌元素为主，通过自动施肥喷灌设备，将营养液加入供水系统，在补水的同时补充植株所需要的营养成分，实现水肥一体化的管理。

4. 植株调整　连栋大棚栽培，植株生长势较强，株型高大，通常需要采取整枝、吊蔓的管理措施。

(1)整枝　对椒开花后，适量摘除门椒以下的部分侧枝，弱小植株的门椒要提早采摘，生长的中后期随时摘除植株下层老叶、空枝或徒长枝，减少养分消耗。彩色椒栽培，通常采用双干整枝方式，每株留 2～3 条健壮主枝，摘去小果、病果、虫果，小心理顺果实，避免果实在枝杈间生长而导致变形，降低果实的商品性。

(2)吊蔓　连栋大棚栽培，早熟品种茎秆较弱，彩色椒品种单果重量大，在生长中后期，常常因为挂果过多导致植株倒伏，需要采用吊蔓的方式，牵引植株向上生长，不但可以增强大棚内的通风、透光条件，而且有利于日常的农事操作。

六、适时采收

遵循“轻收、勤收”的采收原则，一般每隔 3～5 天采

收一次。生长势弱的植株门椒和对椒要适当提前采收，以防坠棵；徒长植株结果数较少，果实要适当延后采收，控制植株的营养生长。采收初期市场差价较大，为争取较高的收益，需要灵活掌握采摘期，能早收就要早收。彩色椒的采收，需用剪刀采摘，轻拿轻放，避免损伤果柄与花萼，以保证果实的外观商品性。采收完成后，剔除病果、虫果、烂果、劣果，按果实的大小分级、包装上市。

第六章

日光温室
辣椒高效生产

第一节　日光温室辣椒长季节栽培

一、品种选择

日光温室长季节栽培对辣椒品种的要求比较严格，中熟或中晚熟，植株生长势强，侧枝较少，株型半开展，枝条较硬朗，耐低温弱光性好，连续结果性强，后期结果仍能保持大果的特性，采收期长，果面光滑，光泽亮，果实商品性好，品质优，抗病，产量高，符合消费市场的需求，通常选用牛角形辣椒品种或彩色椒品种，如苏椒长帅、迅驰、长剑、格雷、百耐、黄欧宝、曼迪、红罗丹、塔兰多、佐罗、白公主等。

二、培育壮苗

1. 育苗时间　日光温室辣椒长季节栽培模式，一般在7月中旬播种育苗，日历苗龄30天左右。

2. 育苗方法　选择地势高燥、排水良好的日光温室建设苗床，选用50孔或72孔穴盘与专用育苗基质，一次性成苗。选用0.5%高锰酸钾溶液或10%磷酸三钠溶液进行种子消毒处理。出苗前保湿促进发芽，出苗后以降温、保湿管理为主，保持苗床不干不湿，若基质见白，选择在早、晚补水。育苗期间，夜间温度高，幼苗容易徒长，必须加强通风管理。

三、定植前准备

1. 茬口安排　选择与非茄科作物轮作。前茬收获后，抓紧时间清茬，清理残枝败叶、杂草、破碎地膜，进行无害化处理。同时，深翻土壤，揭掉农膜接受雨水淋洗，改善土壤环境。可采用高温消毒法处理，灌入大水，密闭棚膜后，温室内温度可达60℃～70℃，连续密闭温室5～7天，可以达到杀菌、杀虫、消毒的目的。

2. 施足基肥　辣椒长季节栽培，定植后生长期10～12个月，采收期长达8～10个月，每667米² 目标产量8 000～10 000千克，需要充分考虑基肥的速效性与持久性。每667米² 日光温室均匀施入充分腐熟优质有机肥8 000千克、腐熟饼肥100～150千克、过磷酸钙50千克、专用复合肥80千克，结合整地，深翻，混拌均匀。

3. 整地做畦　深翻土壤，敲碎并耙平土壤，采用高畦栽培，畦面宽度80厘米左右，畦面高度20厘米，畦间操作沟宽30厘米，在畦面中间开挖1条宽15～20厘米、深10厘米的肥水沟，或者铺设滴灌软管。选用宽度90厘米的白色地膜，覆盖畦面，有利于前期土壤保湿和冬季温室降湿。由于9月中下旬至10月上旬气温仍较高，可以不覆盖直接定植，待中耕培土1～2次后，再覆盖地膜，这样有利于前期植株根系的生长，促进植株迅速发棵。

四、定　植

1. 适时定植　当幼苗达到壮苗标准时即可定植，幼苗株高8～10厘米，节间短，茎秆粗壮，具4～5片真叶，子叶完整，叶深绿色，无病虫害，通常在9月中下旬定植。

2. 定植密度　长季节辣椒品种株型高大，定植密度要小些，行距70～80厘米，穴距40～45厘米，每667米²

日光温室定植 2 400～2 600 穴。

3. *定植方法*　选择晴天下午或阴天定植。定植前 1 天浇透苗床水。起苗时避免弄碎根坨、损伤幼苗根系及叶片。边定植、边浇透定根水，切忌大水漫灌。第二天上午检查幼苗生长情况，扶起倒伏的幼苗，覆土封好定植孔。

五、田间管理

1. *温、湿度管理*　前期管理以降温排湿、防止徒长为主；冬季管理重点是保温防冻。缓苗后的温、湿度管理非常关键，如果管理不当，温度过高，湿度过大，会引起植株徒长，导致落花落果，形成“空秧”。定植后至 10 月上旬，加大通风，早、晚勤浇水，保持温室内地面潮湿，白天温度保持在 25℃～30℃，夜间温度控制在 15℃～18℃。10 月中旬，温室内气温超过 28℃时，在温室上端通风口适当通风换气，温度降至 28℃时，留小风，温度降至 20℃左右时，关闭通风口。至 11 月初寒流来临前，夜间开始加盖草苫保温，当外界温度低于 5℃以下时，可在中午短时间通小风或不通风。遇到极端低温或下雪天，在草苫上加盖一层旧农膜。连续阴雨天气转晴后，要逐渐、间隔地揭开草苫，以免植株闪苗。翌年 3 月中旬开始，随着气温的回升，逐渐加大通风量，延迟通风时间，保持白天温度 25℃～28℃、夜间温度 18℃～20℃；夜间温度稳定在 18℃以上时，不再需要放下农膜。

2. *水分管理*　长季节栽培，土壤忽干忽湿，极易影响植株持续的生长与坐果。穴盘苗缓苗期短，活棵后可适当蹲苗，促进植株根系生长。门椒开花、坐果时，需要及时浇水。大量开花结果时，应根据植株生长状态、土壤干湿程度、外界气温变化等情况，适时适量补水，10～11月份每月补水2次，12月份至翌年1月份每月补水1次，2～4月份每月补水2～3次，5月份后每月补水4～6次，以满足植株开花坐果对水分的需要。冬春低温季节浇水，做到小水勤浇、膜下暗灌、晴暖天浇水，浇水后适当通风，降低温室内的空气湿度，切忌大水漫灌，不但容易造成植株烂根，而且使空气湿度上升，诱发多种病害发生。

3. 肥料管理　由于长季节辣椒生育期长，又是多次采收，掌握“少量、多次”的追肥原则，确保植株的持续生长发育。门椒坐住后，结合浇水，每667米^{2}冲施三元复合肥10千克。盛果期应保证肥水供应充足，一般每采收1～2次，每667米^{2}随水冲施辣椒专用高效冲施肥10～15千克，并视植株长势，交替选用0.3%磷酸二氢钾溶液或0.2%尿素溶液，叶面喷施。甜椒(包括彩色椒)果实大，钾肥需求量约为氮肥的两倍，需要选用含钾量高的肥料，同时适量喷施含有硼、钙等微量元素的叶面肥料，以提高果实的商品性。

4. 光照管理　生长前期温度高、光照强，制约着辣椒叶片的光合作用，需要覆盖遮阳网或稀薄草苫遮阴降温，可以有效防止光抑制。11月下旬至翌年2月中下旬，外界温度低、光照时间短、光照强度弱，在保证温室内温度前提下，早揭晚盖草苫。揭开草苫后，清除农膜上灰尘、碎草等杂物，提高农膜的透光率，增加温室内光照时间，

提高叶片的光合效率。在遇到连续阴雨雪等恶劣天气时，需要在中午前后短时间揭去草苫，必要时增设辅助光源，尽量增加设施内光照时间与光照强度。

5. 植株调整　日光温室长季节栽培，为保证植株营养生长与生殖生长的平衡，除通过温、光、水、肥等管理手段，还需要对植株进行吊蔓、打杈、整枝、疏果处理。

(1)吊蔓　在植株高20厘米时进行吊蔓，塑料绳一端固定在植株主茎中下部，另一端固定在植株上部的铁丝上，每根主枝用1根塑料绳缠绕牵引，每株需要3～4根塑料绳。吊蔓一般在下午2时后进行，此时辣椒枝条较柔软，不易损伤碰断，因吊蔓引起的枝叶混乱现象经过一夜也可恢复正常，对植株的光合作用影响较小。

(2)打杈　对椒开花后，将门椒以下侧枝全部抹除或剪掉，注意操作要轻，避免损伤主茎。进入结果盛果期后，如果植株生长旺盛，需要及时打掉植株下部的老叶、病叶，以利于通风透光。避免在阴雨天或傍晚打杈，以免伤口不能及时愈合而感染病菌，引发病害。

(3)整枝　辣椒长季节栽培，通常需要整枝，保留结果主枝连续生长，植株通透性好，果实大，着色均匀，通常采用“双干整枝法”或“2+1整枝法”(三干整枝法)。

①双干整枝法：去掉门椒，保留2个主枝，每枝所发生两个分枝留1个强枝、去掉1个弱枝，保证每株只有2个主枝向上生长，每个分杈处保留1个果实。

②2+1整枝法：三杈分枝的植株保留3个主枝；二杈分枝的植株保留2个主枝和紧靠第一分杈处的1个强侧

枝，以后每枝所发生两个分枝留1枝去1枝，保证每株有3个主干向上生长，在每个分枝处只保留1个果实。

(4)疏果 对于甜椒的长季节栽培，需要综合考虑果实大小、商品果成熟时间，彩色椒还要考虑转色时间，单株一次性留果不宜太多，一般选留6～8个果实为宜，以免挂果过多影响果实商品性。

(5)理顺果实 长季节栽培的辣椒品种果型较大，果实坐住后，小心转拨果实的生长方向，避免果实在枝杈中生长造成果实受到挤压而变形，影响果实的外观商品性。

6. 保花保果 日光温室内冬季和早春阶段的低温、高湿、弱光环境，常造成辣椒落花落果，因此花期需要适当增加通风量、降低湿度、增加光照、保证温度，提高植株的坐果率。另外，可选用1%防落素30～50毫克/升溶液，开花后使用。温度偏低时，使用浓度上限；温度较高时，使用浓度下限。

六、适时采收

以青椒为生产目标，当辣椒果实充分长大、果肉变硬、果色变深时，及时采收；紫色、红色、黄色、白色等彩色椒栽培，需要等到果实转色后采收，成熟一批采收一批。采收的工具要清洁、卫生，采摘时做到轻拿轻放，防止碰伤果实。产品收获后，剔除病果、烂果、劣果，分级、包装后供应市场。

第二节　日光温室辣椒无土栽培

一、选用良种

根据栽培茬口和市场需求选择品种，要求品种兼顾早期与中后期产量、丰产性与抗病抗逆性，植株结果期长，产量高，商品性好，抗病，抗逆。辣椒品种有苏椒17号、苏椒16号、苏椒11号、苏椒5号博士王、苏彩椒1号、尖椒99、福湘探春等；彩色甜椒品种有白公主、紫贵人、黄太极等。

二、培育壮苗

1. 播期　根据温室前茬作物的收获时间，灵活掌握播种期。日光温室冬春茬栽培，一般辣椒日历苗龄为70～75天，生理苗龄的大小应在定植时大部分植株现蕾为好。不同地区的播种期因为当地气候、育苗设施的差异而不同，一般在11月下旬至12月上中旬播种育苗。

2. 育苗方法　建设电热温床，采用穴盘育苗方法，选用72孔穴盘、辣椒穴盘育苗专用基质。对种子进行晒种、药剂浸种处理。出苗前保温保湿，当40%～50%的种子出苗时，及时揭去无纺布与地膜。齐苗后保持夜间温度18℃～20℃、白天温度不超过30℃。苗床以半干半湿为好，基质干燥发白时，选择在晴天中午浇水，阴天和雨天不宜浇水。视幼苗长势，选用叶面肥或速效肥追肥2～3次。定植前进行低温炼苗。

三、适期定植

1. 茬口安排　由于采用全基质无土栽培，对茬口无特殊要求。选择保温性能好的日光温室，定植前选用1%高锰酸钾溶液喷淋相关的架材、农具、墙壁等。也可将所有农资材料堆放在温室内，密闭温室，选用硫磺粉等药剂熏蒸消毒。

2. 栽培基质　栽培基质由有机基质、无机基质按一定比例混配，同时添加速效肥料配制而成。常用的有机基质有牛粪、鸡粪、羊粪、玉米秸、菇渣、麦秸、稻草等，无机基质有炉渣、河沙等，各地区可根据当地的资源材料，就地取材配制。栽培基质一般不采用泥炭、蛭石、珍珠岩等作为原料，以降低生产成本。由于采用的原料不同，栽培基质的配方繁多，通常情况下，有机基质按植物源材料(发酵后)与动物粪肥按2∶1比例混合发酵，栽培基质再由有机基质与无机基质按2∶1比例混配，同时加入过磷酸钙、硫酸钾、2.5%敌百虫粉剂、50%多菌灵可湿性粉剂等，充分混匀、消毒后备用。

3. 栽培槽　始终采用基质栽培的日光温室，可建设永久性的栽培槽。通常情况下，按南北方向在地面开挖"U"形栽培槽，宽度60厘米，深度30～35厘米，槽间距60厘米。铺设栽培基质前，先在栽培槽内铺入碎砖块、石块、粗炉渣等粗料，厚度5厘米左右，再铺设1～2层编织袋，用于隔离栽培基质，有利于基质的排水，然后将预先浇水浸湿的栽培基质装入栽培槽，压实，刮平，用水浇透。对于连作障碍严重的日光温室，在铺设粗料前，先铺上无

破损的旧薄膜，栽培基质铺好后再覆盖地膜，从而将栽培基质全部包裹在薄膜里面，避免栽培基质接触到土壤，阻断土传病原菌的侵染。

四、定　植

1. 适时定植　根据栽培茬口确定合适的定植时间，如长江流域地区日光温室辣椒冬春茬栽培通常在 1 月中旬至 2 月中旬定植。

2. 定植密度　根据品种的生长特性而定。对生长势较旺、开展度较大、叶量较大的品种可适当稀植，对叶量较少、叶片较小的早熟品种，适当密植。采用双行栽培，穴距 35～40 厘米，每 667 米^2 日光温室定植 3 000 株左右，每穴单株或双株。

3. 定植方法　定植宜在晴天上午进行，最好不晚于下午 2 时。定植前 1 天，浇透苗床水。按穴距在地膜上打穴，小心从穴盘中取出幼苗，注意保护好幼苗的根系，植入穴中，扶正，壅土，稍用力压实。幼苗定植时深度要适宜，不能过浅或过深，一般以根坨表面略低于畦面为宜。定植后，一次性浇足定根水。全部定植完成后，安装滴灌系统。

五、田间管理

1. 温度管理　定植初期，外界气温低，应密闭温室保温，保持白天温度 28℃～30℃、夜间温度 18℃～20℃。缓苗后，为防止植株徒长，促进坐果，应适当降温，白天控制在 25℃～28℃，超过 30℃就要通风，夜温以 16℃～18℃

为宜，不能超过20℃，否则幼苗生长细弱，易早衰和落花、落果。立春后，进入结果盛期，外界气温已回升，应注意增加通风量，白天通过调节通风时间和通风口的大小，调节温室内的温度、湿度，保持白天温度25℃～27℃、夜间温度不低于15℃。当外界气温稳定在15℃以上，可将薄膜卷起。进入炎夏季节，要防止高温危害，可将棚膜进一步上卷，并打开后墙的通风窗，加强通风降温。

2. 水分管理　通过滴灌系统，给植株根系均匀供水，保持基质的含水量70%左右。深冬季节可每3天浇水1次，气温回升后可每隔1天浇水1次，阴天、雨天、雪天时少浇水或不浇水，以防植株沤根。

3. 肥料管理　植株缓苗活棵后开始追肥，以后在开花后、门椒与对椒坐果后及时追肥，在结果盛期，每隔15天左右追肥1次。追肥可选用辣椒专用冲施肥，第一次每株追施8～10克，以后增加到每株15～20克，并根据植株长势叶面追肥2～3次。

4. 光照调节　为保证植株进行高效的光合作用，尽量选用流滴、防尘、抗老化的农膜，如聚氯乙烯无滴膜或乙烯-醋酸乙烯共聚物多功能复合膜覆盖等。在保证温度的前提下，尽可能早揭晚盖草苫，以延长室内光照时间，提升室内温度。每天揭去草苫后及时清扫膜面的草屑和灰尘，增加透光率。在温室后墙处张挂反光幕，并不断调整张挂高度和角度，保持最好的反光效果；如无反光幕，也可用石灰将温室内墙涂白，同样具有反光作用。

5. 植株调整　日光温室冬春茬栽培常采用双干整枝

方式。当门椒坐果、对椒开花后，在对椒上部选两条长势强壮的枝条作结果枝，其余两条长势相对较弱的次一级侧枝在果实的上部留2片叶摘心，以后在选留的2条侧枝上，见杈即抹，始终保持整株有2条健壮枝条结果。结果中后期，下部辣椒采收完毕后，及时摘除下部的老叶、黄叶、病叶和无效枝，以利通风透光。对于植株高大的辣椒品种，需要采用吊蔓牵引生长。

6. 保花保果　冬春茬栽培，除加强温、光、水、肥等田间管理外，可选用1%防落素30～50毫克/升溶液，在上午10时以前、下午4时以后，用小型喷雾器喷花。防落素的使用浓度与气温的高低关系密切，气温高时，浓度要低；气温低时，浓度要高。

六、适时采收

当果实充分膨大、表面具有光泽时，即可采收上市。前期低温阶段，自开花到商品果采收一般需25～30天；在适温条件下，开花后15天果实即可采收。对生长势较弱的植株，门椒和对椒要适当提前采收，以防“坠棵”，有利于植株正常生长及中后期结果；对生长势较强的植株，适当延收，避免植株生长过旺，不利于植株持续开花结果。进入盛果期，结合市场价格，做到“早收、勤收”，以争取最大经济效益。采收时，操作要轻，以免碰伤、碰断枝条。

第七章

辣椒病虫害防治

第一节　辣椒生理性病害

一、落花落果

1. 主要症状　辣椒落花落果俗称“三落”，即为落叶、落花、落果。前期表现为花蕾脱落，落花，果梗与花蕾连接处变成铁锈色后落蕾或落花，果梗变黄后逐个脱落；生长中后期表现为落叶，生产损失严重。

2. 发生原因　造成辣椒落花落果的原因是多方面的，高温、低温、干旱、缺肥、徒长、病害、虫害都可能引起。

3. 防治方法　冬、春季栽培，选用耐低温弱光性强的辣椒品种；夏、秋季栽培，选用耐高温的辣椒品种。保持辣椒适宜生长温度，设施栽培时，冬、春季生产保持气温在 15℃和地温在 18℃以上，夏、秋季生产注意降温，气温不要超过 30℃。加强肥水管理，防止土壤干旱，防止田间积水，注意防止偏施氮肥，保持均衡充足的营养供应，保持辣椒植株营养生长与生殖生长的平衡，促进果实的持续膨大。注意病虫害防治，密切注意病毒病、炭疽病、叶斑病、茶黄螨、烟青虫等病虫害的发生，在发生初期采取防治措施。在加强农业措施的同时，可以适当采用植物生长调节剂保花促果，其中防落素的效果较好，可选用1%防落素水剂 30～50 毫克/升溶液，通常每隔 10～15 天喷花 1 次。

二、低温冷害与冻害

1. 主要症状　过低的温度对辣椒造成生长障碍，在苗期与成株期均可能发生。

（1）冷害　遇有冰点以上的较低温度，发生冷害时，植株叶尖、叶缘出现水渍状斑块，叶组织变成褐色或深褐色，后呈现青枯状。

（2）冻害　遇有冰点以下的温度即可发生冻害。苗期发生，幼苗的生长点或子叶节以上的3～4片真叶受冻，叶片萎垂或枯死。成株期发生，叶尖与叶缘出现水渍状斑块，叶组织变褐，呈现青枯状；果实初呈水渍状，失水皱缩，最后腐烂。

2. 发生原因　由于气温过低或寒流、寒潮侵袭所致。辣椒冷害临界温度一般在5℃～13℃之间，8℃根部停止生长，18℃左右根的生理功能开始下降。果实遭遇0℃～2℃低温容易引发冻害，0℃条件下持续12天，果面会出现灰褐色大片无光泽凹陷斑，似沸水烫过。在冷害临界温度以下，温度越低、持续时间越长，受害越重。

3. 防治方法　选用耐低温、耐弱光性好的品种。苗期注意水肥管理，避免幼苗徒长，适当蹲苗，定植前低温炼苗，培育优质壮苗。冬、春季育苗时，选用保温性能良好的塑料大棚或日光温室，采取电热温床育苗可有效避免苗期的低温伤害。定植的棚室采用保温性能的覆盖材料，严寒时采用多层覆盖。增加施用充分腐熟的有机肥，以保持土壤疏松，有利于地温提高。加强肥水管理，注意氮、磷、钾肥的合理配比施用，保持辣椒植株营养生长与生殖生长的平衡，提高抵御低温伤害的能力。

三、僵　果

1. **主要症状**　又称石果、单性果或雌性果，主要发生在花蕾和果实上，授粉受精不良，花呈浅绿色，花变小，花蕾坚硬，果实畸形、不膨大、皱缩、僵硬，果实生长缓慢，果实无商品价值。

2. **发生原因**　僵果主要发生在花芽分化期（播种后35天左右）。植株受干旱、病害、13℃以下低温、35℃以上高温等因素影响，雌蕊由于营养供应失衡而形成短柱头花，花粉不能正常生长和散发，雌蕊不能正常授粉受精，而长成单性果。僵果缺乏生长激素，影响了对锌、硼、钾等元素的吸收，果实不膨大。

3. **防治方法**　选用耐寒性强的品种，低温弱光照条件下能正常开花坐果。保持棚室白天温度25℃～30℃、夜间温度15℃～18℃、地温17℃～26℃。植株进入开花结果期，适时适度浇水，保持适宜的土壤湿度。

四、高温危害

1. **主要症状**　叶片受害，开始时叶片退绿，形成不规则形状的斑块，叶缘呈漂白状，逐渐变为黄色。高温伤害轻，叶片边缘呈烧伤状；伤害重时，波及半叶或整个叶片，叶片最终呈永久性萎蔫或干枯。

2. **发生原因**　塑料大棚或温室栽培时，常发生高温危害。白天温度高于35℃或40℃左右，高温持续时间超过4小时，夜间高于20℃，湿度低或土壤缺水，通风不及时或未通风，就会灼伤叶片，致使茎叶损伤，叶片上出现黄色至浅黄褐色不规则形状斑块或果实异常。夏秋高温季节栽培，植株未封垄，叶片遮阴不好，土壤缺水，阳光暴晒，均会引起生长障碍。

3. 防治方法　选用耐热性好的优良品种。阳光照射强烈时，可采用部分遮阴法，或使用遮阳网全部遮阴，防止棚内温度过高。对于抗高温能力弱的辣椒品种，可适度合理密植遮阴降温，或与玉米、豇豆等高秆作物间作，利用花荫降温。加强田间管理，注意肥水的均衡供应，适时适度浇水，保持适宜的土壤湿度。

五、日灼病

1. 主要症状　主要发生在果实上，特别是大果型的甜椒果实易发生日灼病。果实被强烈阳光照射后，出现白色圆形或近圆形小斑，经过阳光多日晒烤后，果皮变薄，呈白色革质状，病斑不断扩大。日灼斑有时破裂，腐生病原菌侵染时长出黑色或粉色霉层，有时软化腐烂。

2. 发生原因　阳光直接照射引起的一种生理性病害。辣椒栽植过稀或管理不当，使辣椒果实暴露在阳光下，引起果实局部过热，或是尽管果实隐藏在叶片下，但由于散射光聚到果实上，造成果实局部过热，而发生日灼病；早晨果实上出现大量露珠，太阳照射后，露珠聚光吸热，致果实灼伤；炎热的中午或午后土壤水分不足，雨后骤晴都可引起日灼病；另外，在果实开始膨大时，如果中、微量营养元素不足也会导致果皮耐光性下降，因此容易出现日灼病。

3. 防治方法　合理密植，栽植密度不能过于稀疏，避

免植株生长到高温季节仍不能“封垄”，使果实暴露在强烈的阳光之下。可采取双株种植方式，使叶片互相遮光，避免果实暴露在阳光下。在阳光强烈地区或季节，与玉米、豇豆等高秆作物间作，利用高棵植物给辣椒遮阴避光。在高温季节的中午前后，覆盖棚膜或遮阳网，避免阳光直射。加强肥水管理，施用过磷酸钙作基肥，防止土壤干旱，促进植株枝叶繁茂。及时防治病毒病、炭疽病、细菌性疮痂病、红蜘蛛等病虫害，防止植株受害而早期落叶，减少果实日灼病发生。

六、脐腐病

1. 主要症状　辣椒脐腐病在果实脐部附近发生。果实表皮发黑，逐渐成水渍状病斑，病斑中部呈革质化，扁平状。有的果实在病健交界处开始变红，提前成熟。

2. 发生原因　土壤盐基含量低，酸化，尤其是沙性土壤，钙养分供应不足，会引进辣椒脐腐病的发生；土壤干旱、空气干燥、连续高温、水分供应失调时，田间也容易出现大量的脐腐果。

3. 防治方法　加强田间管理，保证水分与肥料的均衡供应，特别在初夏温度急剧上升时，注意保持土壤“见干见湿”的状态，田间浇水宜在早晨或傍晚进行。在果实的膨大期，注意增施钙肥，可选用1%过磷酸钙浸出液，或氯化钙1 000倍液，或硝酸钙1 000倍液，叶面追施。

第二节　辣椒营养元素缺乏

一、缺　氮

1. 主要症状　植株生长不良，不发棵，植株矮小，分枝直立性差，植株开张角度加大，叶片变小，下部老叶首先黄化，落花、落蕾、落果、落叶严重，坐果少，果实小。缺氮严重时，植株生长停止，叶色变褐，植株甚至死亡。

2. 发生病因　沙性土壤保肥能力差，速效氮容易流失。基肥施入大量未经腐熟的稻壳、麦糠、锯末等，在发酵过程中，微生物大量地抢占了土壤中的速效氮营养，致使辣椒植株发生缺氮现象。

3. 防治方法　根据土壤的肥力条件，施足基肥，以充分腐熟的有机肥为主。开花结果时，少量多次的追施氮肥。叶面喷施 0.2%～0.3%尿素溶液，可以迅速缓解植株缺氮症状。

二、缺　磷

1. 主要症状　辣椒苗期缺磷时，植株表现矮小，叶色深绿，植株由下向上出现落叶，叶尖变黑枯死，生长停滞。成株缺磷时，植株矮小，叶背多带紫红色，茎细，直立，分枝少，结果和成熟都发生延迟。

2. 发生病因　酸性土壤中，磷元素容易被铁和镁固定，从而发生缺磷。另外，地势低洼，排水不良，地温低，偏施氮肥，都可能引起缺磷。

3. 防治方法　定植前整地施肥，在施足有机肥的基础上，每667米^{2}施用过磷酸钙50千克，可以大大减少植株缺磷的概率。发生缺磷时，选用0.3%磷酸二氢钾溶液，或1%过磷酸钙溶液，叶面喷施，可以迅速缓解症状。

三、缺　钾

1. 主要症状　辣椒缺钾主要表现在开花结果后，开始下部叶尖出现发黄，然后沿着叶缘的叶脉间出现黄色斑点，叶缘逐渐干枯，并向内扩展至全叶出现灼伤状或坏死状，果实也开始变小。缺钾的症状是从老叶向新叶、从叶尖向叶柄发展。

2. 发生病因　忽视施用钾肥是缺钾的主要原因；地温低，日照不足，土壤过湿等条件，也会妨碍植株对钾元素的吸收；氮肥施用过多，发生离子拮抗作用，也会使钾的吸收受阻。

3. 防治方法　在施用基肥时，增施农家肥和饼肥，每667米^{2}同时施入50千克硫酸钾。植株缺钾时，选用0.2%～0.3%磷酸二氢钾溶液，叶面喷施，可以较快地消除植株缺钾症状。

四、缺　钙

1. 主要症状　辣椒缺钙多发生在植株幼嫩及代谢旺盛的部分。缺钙时，叶尖和叶缘部分黄化，部分叶片的中肋突起，茎生长点畸形或坏死，根尖坏死，根毛畸形。果实易发生脐腐病或僵果。

2. 发生病因　土壤一般不会缺钙，但在连续多年种

植蔬菜的地块，或过量施用氮、钾肥，或土壤严重缺水，土壤溶液浓度急剧增高，由于发生离子间拮抗作用和互协作用，也会导致辣椒缺钙。

3. 防治方法　在酸性土壤和老菜田，施用生石灰调节土壤酸碱度，同时起到补钙的作用。栽培过程中，不要使土壤过度干旱缺水。发生缺钙时，可以选用 0.3%氯化钙溶液，叶面喷施。

五、缺　镁

1. 主要症状　缺素症状首先出现在中下部的叶片。缺镁时，叶片会变成灰绿色，叶脉间发生黄化，茎基部叶片脱落，植株矮小，果实稀疏，发育不良。

2. 发生病因　土壤含镁少，在沙土、沙壤土、酸性或碱性土壤中极易发生缺镁。施用氮、钾肥过多时，由于离子间拮抗作用，也会阻止辣椒对镁的吸收。土壤干旱缺水，有机肥不足，也会引起植株缺镁。

3. 防治方法　每 667 米^2 施用 1～2 千克硫酸镁作基肥，可以从基础上解决缺镁的问题。发生缺镁时，选用 1%～2%硫酸镁水溶液叶面追肥，每周 1 次，连用 2～3 次。

六、缺　硼

1. 主要症状　辣椒植株缺硼时，叶片皱缩、卷曲，老叶叶尖黄化，主脉红褐色，叶脆，根系不发达，植株矮小，生长点畸形、萎缩、坏死，花器发育不全。果实畸形，果面有分散的暗色或干枯斑，果肉出现褐色下陷和木栓化。

2. 发生病因　老菜田不注意施用硼肥容易发生缺硼。在酸性沙性土壤上，一次施用石灰过量也会导致缺硼。土壤干旱缺水会影响植株对硼的吸收。在碱性土壤上，有机肥施用量少，也会出现缺硼。一次使用钾肥过多也会发生缺硼。

3. 防治方法　基肥中每 667 米^2 施用硼酸或硼砂 1 千克。及时浇水，提高土壤中硼的有效性，减少缺硼概率。植株发生缺硼时，选用 0.2%硼酸或硼砂溶液，叶面喷施，可以迅速缓解植株缺硼症状。

七、缺　锌

1. 主要症状　缺锌症状首先出现在上部叶片上，表现为叶脉间失绿、黄化、生长停滞，叶缘扭曲或褶皱，茎节缩短，叶片变小，形成小叶丛生。植株矮小，易感染病毒病。

2. 发生病因　土壤 pH 值大于 6.5 时，直接降低无机锌化合物的溶解度，使锌的有效性降低。土壤中碳酸盐含量高时，也会减少植株对锌的吸收。施用磷肥过多时，土壤中过多的磷会减少植株对锌的吸收。

3. 防治方法　施入基肥时，每 667 米^2 施用硫酸锌 1 千克。植株缺锌时，在现蕾至盛果期，选用 0.2%～0.3%硫酸锌溶液，叶面喷施 2～3 次。

第三节 辣椒侵染性病害

一、病毒病

1. 主要症状　主要有花叶、黄化、坏死和畸形等4种症状。

(1)花叶　轻型花叶表现微明脉和轻微退色，继而出现浓淡相间的花叶斑纹，植株没有明显矮化，不落叶，也无畸形叶片或果实。重型花叶除表现退绿斑驳外，叶面凹凸不平，叶脉皱缩畸形，或形成线形叶，生长缓慢，果实变小，严重矮化。

(2)黄化　病叶明显变黄，出现落叶现象，严重时，大部分叶片黄化掉落，植株停止生长，落花、落果严重。

(3)坏死　病株部分组织变褐坏死，表现为条斑、顶枯、坏死斑驳等症状。初发病时叶片主脉呈褐色或黑色坏死，沿叶柄扩展到侧枝和主茎及生长点，出现系统坏死条斑，后造成落叶、落花、落果，严重时整株枯死。

(4)畸形　叶片畸形或丛簇型开始时植株心叶叶脉退绿，逐渐形成深浅不均的斑驳、叶面皱缩，病叶增厚，产生黄绿相间的斑驳或大型黄褐色坏死斑，叶缘向上卷曲。幼叶狭窄，严重时呈线状，后期植株上部节间短缩呈丛簇状。

2. 发病规律　由黄瓜花叶病毒、烟草花叶病毒、马铃薯Y病毒等引起的病毒性病害。病毒可在病残体及种子上越冬，翌年主要通过蚜虫从辣椒茎、枝、叶的表层伤口

侵入。在田间作业中如整枝、摘叶、摘果等人为造成的汁液接触都可传播。在气温20℃以上、高温干旱、蚜虫多、重茬地、定植偏晚等情况下，辣椒病毒病发生严重。施用过量氮肥，植株组织柔嫩，较易感病。凡在有利于蚜虫生长繁殖的条件下病毒病较重。

3. *防治方法* ①选用抗病或耐病的品种。实行间作，与高粱、玉米等高秆作物间作能减轻病毒病发生。培育壮苗，施足基肥，适时定植，科学管理，提高植株抗性，可以有效减轻病毒病对辣椒植株的危害。注意农事操作时的接触传染。②蚜虫是辣椒病毒病的主要传播媒介，所以辣椒病毒病的防治重点在于蚜虫的防治，铺挂银灰色膜规避蚜虫，悬挂黄色板诱杀蚜虫，利用防虫网阻隔蚜虫入侵，必要时喷药防治。③播种前，选用10%磷酸三钠溶液浸种20～30分钟，或高锰酸钾200倍液浸种60分钟，或40%甲醛200倍液浸种1小时。也可用干热法（充分晒干后，72℃处理72小时）消毒。④发病初期，选用2%宁南霉素水剂200倍液，或0.5%菇类蛋白多糖水剂250～300倍液，或10%混合脂肪酸水乳剂100倍液，或1.5%烷醇·硫酸铜水乳剂1 000倍液，或20%吗胍·乙酸铜可湿性粉剂500倍液，喷雾，每隔7～10天防治1次，视病情连续防治3～4次。

二、猝 倒 病

1. *主要症状* 主要在苗期发病。辣椒幼苗被害后，茎基部出现水渍状淡黄绿色的病斑，很快变成黄褐色，并缢缩呈线状，病情迅速发展，有时子叶还未凋落，幼苗便倒伏。倒伏的幼苗短期内仍为绿色，湿度大时病株附近长出白色棉絮状菌丝。发病严重时，受病菌侵染，可造成胚轴和子叶变褐腐烂，种子不能萌发，幼苗不能出土。

2. 发病规律　由瓜果腐霉菌引起的真菌性病害。病菌可在土壤中或病残体上进行腐生存活多年，通过流水、农具、带菌肥料传播。病原菌生长的适宜温度为 16℃，温度高于 30℃时生长受到抑制。苗期低温、高湿时易发病，苗床积水处常常最先发病。辣椒子叶期最易发病，幼苗具 3 片真叶后发病较少。

3. 防治方法　①对种子进行消毒灭菌处理。选择地势高燥、背风向阳、排水良好、土质疏松、土壤肥沃地块建设苗床，育苗前对日光温室、大棚、穴盘、基质、农具进行消毒处理。加强苗期温度、水分、营养、光照管理，提高幼苗植株抗病性。②发病初期，选用 75％百菌清可湿性粉剂 600 倍液，或 72.2％霜霉威盐酸盐水剂 600 倍液，喷雾，每隔 7～10 天防治 1 次，视病情连续防治 1～2 次。

三、立枯病

1. 主要症状　多在辣椒子叶期发生。受害幼苗基部产生暗褐色病斑，明显凹陷，病斑横向扩展绕茎一周后，病部出现缢缩，根部逐渐收缩干枯。发病初期，病苗白天萎蔫，晚间至翌晨能恢复正常。随着病情的发展，萎蔫不能恢复正常，并继续失水，直至枯死。苗床湿度大，病害发展迅速，可使幼苗大量死亡。

2. 发病规律　由立枯丝核菌引起的真菌性病害。病原菌以菌丝体在土壤中或病残体中越冬，随雨水、灌溉水

传播，也可由农具、粪肥等携带传播。病原菌腐生性强，一般在土壤中可存活 2～3 年。低温弱光、播种过密、间苗不及时、通风不良、温度过高、湿度过大、育苗基质消毒不彻底等容易发病。

3. 防治方法　①选用抗病、耐病品种的种子。科学管理，加强通风排湿，提高植株抗性。②选用 50%多菌灵可湿性粉剂 500 倍液，或 50%福美双可湿性粉剂 500 倍液，浸种 2 小时；选用 50%福美双可湿性粉剂拌种，用药量为种子重量的 0.4%；或 25%甲霜灵可湿性粉剂拌种，用药量为种子重量的 0.3%。③发病初期，选用 72.2%霜霉威盐酸盐水剂 600 倍液，或 25%甲霜灵可湿性粉剂 800 倍液，或 64%噁霜·锰锌可湿性粉剂 500 倍液，或 25%琥铜·甲霜灵可湿性粉剂 1 200 倍液，或 70%甲基硫菌灵可湿性粉剂 800 倍液，或 25%甲霜灵可湿性粉剂 700 倍液，喷雾，每隔 7～10 天防治 1 次，视病情连续防治 2～3 次。

四、疫　病

1. 主要症状　茎部发病，先在辣椒的分杈处出现暗绿色病斑，并向上或绕茎一周迅速扩展，变成暗绿色至黑褐色，一侧发病时发病一侧枝叶萎蔫，病斑绕主茎一周发病时全株叶片自下而上萎蔫脱落，最后病斑以上枝条枯死。叶片受害时，病斑圆形或近圆形，直径 2～3 厘米，病斑边缘黄绿色，中央暗褐色，发病迅速，叶片变为黑褐色，枯缩，脱落。果实发病时，多从果实蒂部开始发病，形成暗绿色水渍状不规则形病斑，边缘不明显，很快扩展遍及全果，颜色加重，呈暗绿色至暗褐色，甚至果肉和种子也变褐色，潮湿时果面长出稀疏的白色絮状霉层。

2. 发病规律　由辣椒疫霉菌引起的真菌性病害。病原菌主要以卵孢子及厚垣孢子在病残体上或土壤及种子上越冬，越冬后气温升高，卵孢子随降雨的水滴、灌溉水、带病菌土侵入辣椒幼根或根茎部，并在寄主上产生孢子，孢子借助风雨传播，进行再侵染，致使病害流行。日平均气温 22℃～28℃，田间相对湿度高于 85％时发病率高，病情发展快。重茬连作，低洼积水，土壤黏重、排灌不畅的田块发病加重。降雨次数多，降雨量大，大雨过后天气突然转晴，气温急剧上升时，或炎热天气灌水会引起疫病迅速蔓延。一般情况下，植株从发病到枯死仅 3～5 天，果实从产生病斑到腐烂仅 2～3 天。

3. 防治方法　①选用耐病的优良品种。对种子进行消毒灭菌处理。实行轮作倒茬，避免与辣椒、土豆等茄科作物连作，最好能与水稻、玉米等禾本科作物轮作，也可与叶菜类、葱蒜类、十字花科类、根菜类等蔬菜作物连作。培育壮苗，施足基肥，适时定植，科学管理，加强通风排湿，改善田间通风透光条件，提高植株抗性。②发病初期，选用 60％琥铜・乙膦铝可湿性粉剂 500 倍液，或 78％波尔・锰锌可湿性粉剂 500 倍液，或 58％甲霜・锰锌可湿性粉剂 400～500 倍液，或 64％噁霜・锰锌可湿性粉剂 500 倍液，或 40％三乙膦酸铝可湿性粉剂 200 倍液，或 25％甲霜灵可湿性粉剂 600～800 倍液，或 72.2％霜霉威盐酸盐水剂 700～800 液，喷淋植株根部防治。也可选用

50%琥铜·甲霜灵可湿性粉剂800倍液，或60%琥铜·乙膦铝可湿性粉剂500倍液，或64%噁霜·锰锌可湿性粉剂300倍液，或25%甲霜灵可湿性粉剂1000倍液，灌根，每株50毫升，每隔10～15天防治1次，连施2次。

五、炭疽病

1. 主要症状　炭疽病主要危害果实、叶片，果梗也可受害。果实发病时，初现水渍状黄褐色圆斑，很快扩大呈圆形或不规则形，凹陷，有稍隆起的同心轮纹，病斑边缘红褐色，中央灰色或灰褐色，同心轮纹上有黑色小点。潮湿时，病斑表面溢出红色黏稠物，被害果实内部组织半软腐，易干缩，致病部呈膜状，有的破裂。叶片染病，初呈水渍状退色绿斑，后逐渐变为褐色。病斑近圆形，中间灰白色，上有轮生黑色小点粒，病斑扩大后呈不规则形，有同心轮纹，叶片易脱落。

2. 发病规律　由辣椒刺盘孢菌和果腐刺盘孢菌引起的真菌性病害。病原菌可随病残体在土壤中越冬或附着在种子上越冬，翌年病菌多从寄主的伤口侵入，病斑上产生大量分生孢子，借助风雨、昆虫再侵染。病原菌的发育温度为12℃～33℃，适宜的温度27℃、空气相对湿度95%左右，高温高湿有利于该病的发生流行。田间排水不良、种植过密、氮肥过量、通风不好、田间湿度大、果实损伤等易发生。

3. 防治方法　①选用抗病品种。对种子进行消毒灭菌处理。实行轮作倒茬，避免与辣椒、土豆等茄科作物连作，最好能与葱蒜类、根菜类、禾本科作物轮作。培育壮苗，施足基肥，适时定植，膜下滴灌，改善田间通风透光条件，科学管理，提高植株抗性。②发病初期，选用80%福·福锌可湿性粉剂800倍液，或78%波尔·锰锌可湿性粉剂500倍液，或70%代森锰锌可湿性粉剂400～500倍液，或70%甲基硫菌灵可湿性粉剂600～800倍液，或75%百菌清可湿性粉剂700倍液，或50%多菌灵可湿性粉剂500倍液，或50%多菌灵可湿性粉剂600～800倍液，或50%苯菌灵可湿性粉剂1 500倍液，喷雾，每隔7～10天防治1次，视病情连续防治2～3次。

六、灰霉病

1. 主要症状　在育苗后期引起烂叶、烂茎、死苗，在保护地中还可以危害成株、花、果等。幼苗染病，子叶先端变黄，后扩展到幼茎，致茎缢缩变细，由病部折断而枯死。叶片染病，病叶表面产生大量的灰褐色霉层，真叶叶片上的病斑呈“V”形，并有浅褐色的同心轮纹。成株期染病，茎部先发病，茎上初生水渍状不规则斑，后病斑变灰白色或褐色，并绕茎一周发展，使病部以上枝条萎蔫枯死，病部表面产生灰白色霉状物。后期在被害的果、花托、果柄上也长出灰色霉状物。

2. 发病规律　由灰葡萄球菌引起的真菌性病害。病原菌以菌丝、菌核、分生孢子在土壤和病残体上越冬，以分生孢子凭借气流、雨水、农事操作传播。生长的适温为20℃～23℃，大棚栽培在12月份至翌年5月份危害，冬春低温、多阴雨天气、棚内空气相对湿度90%以上，灰霉病发生早且病情严重，排水不良、偏施氮肥田块易发病。

3. 防治方法　①选用耐病的优良品种。实行轮作倒茬，避免与辣椒、番茄、茄子、土豆等茄科作物连作，最好能与水稻进行水旱轮作。培育壮苗，施足基肥，适时定植，科学管理，加强通风排湿，提高植株抗性。②播种前，可用50%多菌灵可湿性粉剂500倍液浸种2小时；也可选用50%多菌灵可湿性粉剂，或50%福美双可湿性粉剂，用量为种子重量的0.4%，拌种。③发病初期，选用60%多菌灵盐酸盐可湿性粉剂600倍液，或50%腐霉利可湿性粉剂2000倍液，或50%异菌脲可湿性粉剂1500倍液，喷雾，每隔7～10天防治1次，视病情连续防治2～3次。也可使用烟剂熏蒸防治，可选用45%百菌清烟剂，每667米^{2}用量200～250克，或10%腐霉利烟剂，每667米^{2}用量200～300克。

七、白粉病

1. 主要症状　仅危害叶片，老叶、嫩叶均可染病。病叶下面初生退绿小黄点，后扩展为边缘不明显的退绿黄色斑驳，病部背面产出白粉状物。严重时病斑密布，全叶变黄，病害流行时，白粉迅速增加，覆盖整个叶部，叶柄产生离层，叶片大量脱落形成光杆，严重影响辣椒的产量和品质。

2. 发病规律　由鞑靼内丝白粉菌引起的真菌性病害。病原菌以闭囊壳随病叶在地表越冬，主要靠风、雨传播，从叶背面气孔侵入。病菌孢子在15℃～30℃内均可萌发和侵染，在温度20℃～25℃、空气相对湿度25%～85%易流行，高温高湿和高温干旱交替出现时病害最易发生和蔓延。

3. 防治方法　①选用抗耐病品种。对种子进行消毒灭菌处理。改良土壤，实行轮作，避免连茬或重茬，尽可能与禾本科作物实行轮作。培育壮苗，施足基肥，适时定植，科学管理，加强通风排湿，提高植株抗性。②发病前期或发病初期，选用20%三唑酮乳油2 000倍液，或70%甲基硫菌灵可湿性粉剂1 000倍液，或50%多菌灵可湿性粉剂500倍液，或50%苯菌灵可湿性粉剂1 000倍液，或40%氟硅唑乳油8 000～10 000倍液，或30%氟菌唑可湿性粉剂1 500～2 000倍液，喷雾，每5～7天防治1次，连续2～3次。

八、菌核病

1. 危害症状　在辣椒整个生育期均可发生。苗期发病开始于茎基部，病部初呈浅褐色水渍状，湿度大时，长出白色棉絮状菌丝，呈软腐状，无臭味，干燥后呈灰白色，菌丝体结为菌核，病部缢缩，幼苗枯死。成株期各部位均可发病，先从主茎基部或侧枝5～20厘米处开始，初呈淡褐色水渍状病斑，稍凹陷，渐变灰白色，湿度大时长出白色菌丝，皮层霉烂，在病茎表面及髓部形成黑色菌核，干燥后髓部空，病部表皮易破；花蕾及花受害，呈现水渍状，最后脱落；果柄发病后导致果实脱落；果实发病，开始呈水渍状，后变褐腐，稍凹陷，病斑长出白色菌丝体，后形成菌核。

2. 发病规律　由核盘菌引起的真菌性病害。病原菌主要以菌核在田间或塑料棚中越冬，当环境温、湿度适宜

时，菌核萌发，抽生出子囊盘，散发子囊孢子，随气流传到寄主上，由伤口及自然孔口侵入，并诱发植株发病。病菌孢子萌发的适宜条件为16℃～20℃、空气相对湿度95%～100%。在温度低而湿度大时发病严重。

3. *防治措施* ①注意栽培地块选择，应选择地势高燥、排水良好的田块进行育苗和定植；严格轮作；增施磷、钾肥，实行深耕，阻止菌核病原。清洁田园，及时剪除病枝、病叶，及时拔除病株，以防病害继续恶化。加强田间管理，包括加强通风透光、开沟排水、降低湿度等。②选用50%异菌脲可湿性粉剂或50%多菌灵可湿性粉剂拌种，用药量为种子重量的0.4%～0.5%。③发病初期，选用20%甲基立枯磷乳油1 000倍液，或50%甲基硫菌灵可湿性粉剂500倍液，或50%多菌灵可湿性粉剂500倍液，或50%腐霉利可湿性粉剂1 000倍液，喷雾，每5～7天喷1次，连续2～3次。也可选用烟剂防治，如10%腐霉利烟剂（每667米^{2}用药200～300克），或45%百菌清烟剂（每667米^{2}用药200～250克），每隔10天防治1次，连续防治2～3次。

九、根腐病

1. *危害症状* 一般在成株期发生，发病部位主要在辣椒根茎及根部。初发病时，枝叶萎蔫，逐渐呈青枯状，白天萎蔫，早、晚恢复正常，反复多日后枯死，但叶片不脱落。根茎部及根部皮层呈水渍状、褐腐，维管束变褐。植株容易拔起，根系仅剩少数粗根。

2. *发病规律* 由腐皮镰孢霉菌引起的真菌性病害。

病原菌以厚垣孢子、菌丝体或菌核随病残体在土壤中越冬，翌年初借助雨水、浇灌水等进行传播，从植株根茎部、根部伤口侵入，病部产生的分生孢子借助雨水传播蔓延。在高温、高湿气候下容易发生，尤其连续降雨数日后病害症状明显增多。连作栽培、排水不良的地块发病严重。

3. *防治措施*　①与十字花科或葱蒜类等蔬菜作物轮作 3 年以上；采用深沟高畦栽培；施用充分腐熟的有机肥；及时清沟排水、清除病残体。②种子选用 50%多菌灵可湿性粉剂 500 倍液浸种 1 小时，洗净后催芽或晾干后播种。苗床可用 50%多菌灵可湿性粉剂，每平方米苗床用药 10 克，拌细土撒施。育苗用的营养土在堆制时用 100 倍的 40%甲醛溶液喷淋，并密封堆放；或于营养土使用前可用 97%噁霉灵可湿性粉剂 3 000～4 000 倍液喷淋。③在发病前、田间出现中心病株后，及时用药，选用 50%甲基硫菌灵可湿性粉剂 500 倍液，或 50%多菌灵可湿性粉剂 600～800 倍液，或 60%多菌灵盐酸盐可湿性粉剂 800 倍液，或 50%苯菌灵可湿性粉剂 1 500 倍液，喷淋植株根部，每 7～10 天防治 1 次，连续 3～4 次。

十、白 绢 病

1. *危害症状*　植株接近地面茎基部表皮首先腐烂，初呈暗褐色水渍状病斑，随后病部凹陷，表皮长出白色绢丝状菌丝体，呈辐射状向四周扩展，病斑环绕茎基部一周后，植株萎蔫，叶片凋萎、干枯、脱落，逐渐整株枯死，发病后期在病部菌丝上产生许多褐色或淡褐色小菌核。根部

受害时，皮层腐烂，在病根上产生稀疏的白色菌丝。与地面接触的果实也可发病，发病后果实软腐，表面有白色绢丝状菌丝体。

2. 发病规律　由白绢薄膜革菌引起的真菌性病害。病原菌以菌核在土壤或混杂在种子里过冬，翌年当气候条件适宜时，菌核长出菌丝，从辣椒根部或根茎部侵入危害，使植株茎基部组织腐烂，病株周围土壤中的菌丝可沿着地表蔓延到邻近植株上，造成病害的蔓延。菌核也可随雨水、灌溉水传播。辣椒种子带菌是远距离传播的主要途径。

3. 防治措施　①与十字花科或禾本科作物轮作3～4年，或与水生作物轮作；定植前每667米^{2}施入生石灰100～150千克，深翻入土；使用充分腐熟的有机肥，适当追施硝酸铵；及时拔除病株，集中深埋或烧毁，并在病株穴内撒入生石灰。②播种前，先用55℃温水浸种20分钟（注意要不断搅动），然后用30℃清水浸泡4小时，最后再用1%硫酸铜溶液浸种5分钟，以杀死种子携带的大部分病菌。③在发病初期，选用15%三唑酮可湿性粉剂与细土按1∶100～150比例混合均匀，撒在病株根茎处；也可选用77%氢氧化铜可湿性粉剂600倍液，或70%代森锰锌可湿性粉剂600倍液，在茎基部进行喷淋，每隔7～10天防治1次，连续施用2～3次。

十一、污霉病

1. 危害症状　主要危害叶片、叶柄及果实。叶片染病时，叶面初生污褐色圆形或不规则形霉点，后期形成煤

烟状污物，可布满叶面、叶柄及果面，严重时几乎看不到绿色叶片及果实。病叶提早枯黄或脱落，果实提前成熟但不脱落。设施栽培，污霉病一般先局部发生，后逐渐蔓延。大棚、温室栽培辣椒容易发生污霉病。

2. 发生规律　由辣椒斑点芽枝霉菌侵染引起的真菌性病害。病原菌以菌丝和分生孢子在病叶、土壤和植物残体上越冬，翌年产生分生孢子，借助风雨、粉虱传播蔓延，引起初侵染和再侵染。湿度大、粉虱多易发病；春季或多雨年份发病严重；地势低洼、排水不良、连作栽培、棚内湿度过高、粉虱多、管理粗放的田块发病严重。

3. 防治措施　①选择使用抗病性好的品种。加强大棚温、湿度管理。大棚等保护地四周开挖深沟，雨后能及时排干积水。平时加强通风透光，降低棚内湿度。清除病残物。及时摘除局部发生危害的病株、叶、果等，并集中销毁。采收结束后，清洁田园，阻止病菌在土壤中越冬。②在点片发生期，选用50%苯菌灵可湿性粉剂1 500倍液，或40%多菌灵胶悬剂600倍液，或65%甲霜灵可湿性粉剂1 500～2 000倍液，喷雾防治，每隔15天防治1次，连续2～3次，采收前15天停止喷药。

十二、叶霉病

1. 危害症状　主要危害叶片。发病初期，叶片正、背面发生淡黄色、椭圆形或不规则形状的病斑。随着病情加重，叶片正面病斑逐渐变为淡褐色，病斑上长出稀疏黑褐色霉，叶片背面病斑产生白色霉层，逐渐变为黑褐色或黑褐色绒状霉层。发病后期，叶片边缘向上卷曲，呈黄褐

色干枯。

2. 发病规律　以菌丝体和分生孢子随病残体遗留在地面越冬，翌年气候条件适宜时，病组织上产生分生孢子，借助风雨传播，在寄主表面萌发后从伤口或直接侵入，病部又产生分生孢子，借助风雨传播进行再侵染。病菌适宜生长温度为9℃～34℃，最适温度20℃～25℃。在3月下旬至4月份，连续阴雨天气、光照弱、气温22℃左右、空气相对湿度90%以上时，容易发病，蔓延速度快。

3. 防治措施　①与非茄科蔬菜作物轮作3年以上。选用抗病性强的优良品种。播种前，对种子进行消毒处理，可用52℃温水浸泡30分钟。控制氮肥的施用量，防止植株徒长，抗病性降低。及时通风换气，降低棚室内的湿度，改善栽培环境条件。植株发病时，及时摘除病叶，带出棚外销毁。②发病前，选用77%氢氧化铜可湿性粉剂500～700倍液，喷施。发病初期，选用70%甲基硫菌灵可湿性粉剂800～1 000倍液，或47%春雷·王铜可湿性粉剂600～800倍液，或70%代森锰锌可湿性粉剂500倍液，或40%氟硅唑乳油8 000倍液，喷药，每7～10天1次，连续防治3～4次。温室、大棚保护地栽培，发病初期，利用烟剂或粉尘剂防治，可选用45%百菌清烟剂（每667米^{2}用药250～300克），或5%百菌清粉尘剂（每667米^{2}用药1千克），傍晚使用，每8～10天使用1次，连续或交替使用2～3次。

十三、茎基腐病

1. 危害症状　一般在结果期发病，主要危害茎基部。

初发病时，茎基部皮层外部无明显病变，茎基部以上呈全株性萎蔫，叶色变淡；病情加重后，茎基部皮层逐渐变淡褐色至黑褐色，绕茎基部一圈，病部失水至干缩，因茎基部木质化程度高，缢缩不很明显。纵剖病茎基部，木质部变暗色，维管束不变色；横切病茎基部，经保湿后无乳白色黏液溢出；皮层不易剥离；根部及根系不腐烂；后期叶片变黄褐色枯死，多残留在枝上不脱落。该病发病进程较慢，经 10～15 天全株枯死。

2. 发病规律　由立枯丝核菌引起的真菌性病害。以菌丝或菌核在土壤中越冬，翌年初直接侵入寄主气孔或表皮危害，病部产生的菌丝借助水流、农具再侵染。病菌发育最高温度为 40℃～42℃、最低 13℃～15℃、适宜 pH 值为 3～9.5，强酸条件下发育良好。在多阴雨天气、地面过湿、通风透光不良、茎基部皮层受伤等条件下，容易发病。

3. 防治措施　①采用高畦栽培，及时排水，及时清除病株。加强种子和营养土的消毒，培育无病健壮幼苗。定植时，不宜深栽。②苗期发病，选用 75％百菌清可湿性粉剂 600 倍液，或 50％福美双可湿性粉剂 500 倍液，喷雾防治。成株期发病，在发病初期，喷洒 75％百菌清可湿性粉剂 600 倍液，或 80％代森锰锌可湿性粉剂 500 倍液，重点喷洒植株茎基部分。

十四、青枯病

1. 主要症状　发病初期，植株顶端嫩叶急剧萎蔫，夜间或阴雨天可恢复，但很快整株萎蔫不再恢复。地上部

叶色较淡，后期叶片变褐枯焦。病茎外表症状不明显，纵剖茎部维管束变褐色，横切面保湿后可见乳白色黏液溢出。

2. *发病规律*　由青枯假单胞杆菌引起的细菌性病害。病原菌随病残体在土壤中越冬，在无病残体的情况下，病原菌在土壤中也能存活 14 个月，从植株茎基部的伤口或皮孔侵入，借靠雨水、灌溉水、昆虫进行初侵染与再侵染。酸性土壤、环境湿度大时易发生和流行，因此常发生于高温多雨的南方，北方较少发生。

3. *防治方法*　①对种子进行消毒处理。改良土壤，实行轮作，避免连茬或重茬，尽可能与禾本科作物实行轮作。培育壮苗，施足基肥，适时定植，科学管理，提高植株抗性。②发病初期，选用 72%硫酸链霉素可溶性粉剂 4 000 倍液，或 77%氢氧化铜可湿性粉剂 500 倍液，或 14%络氨铜水剂 300 倍液，喷雾，每隔 7～8 天防治 1 次，视病情连续防治 2～3 次。

十五、枯 萎 病

1. *主要症状*　发病初期，病株下部叶片大量脱落，与地表接触的茎基部皮层呈水渍状腐烂，地上部枝叶迅速凋零；有时病部只在茎的一侧发展，形成一纵向条坏死区，后期全株枯死。病株地下部根系呈现水渍状软腐，皮层极易剥离，木质部变成暗褐色至煤烟色。在湿度大的环境条件下，病部常产生白色的或蓝绿色的霉状物。

2. *发病规律*　由辣椒镰孢霉菌引起的真菌性病害。病原菌以厚垣孢子在土壤中越冬，或附在种子上越冬，借靠雨水和灌溉水传播，从茎基部或根部的伤口、自然裂口、根毛侵入，在维管束内繁殖，堵塞维管束的导管（水分输送通道），同时产生毒素，使叶片枯萎。病菌生长适宜温度为24℃～28℃，地温15℃以上开始发病，高湿天气病害容易流行，连作地、排水不良、使用未腐熟有机肥、偏施氮肥的地块发病严重。

3. 防治方法 ①选用抗耐病品种。改良土壤，实行轮作，避免连茬或重茬，尽可能与非茄科作物实行轮作。培育壮苗，施足基肥，适时定植，科学管理，加强通风排湿，改善田间通风透光条件，提高植株抗性。②发病初期，选用2亿个活孢子/克木霉菌可湿性粉剂600倍液，或50%琥胶肥酸铜可湿性粉剂400倍液，或14%络氨铜水剂300倍液，灌根，每次灌药液250毫升，每7～10天防治1次，视病情连续防治2～3次。

十六、细菌性叶斑病

1. 主要症状 主要危害叶片，在田间点片发生。发病叶片初有黄绿色不规则水渍状小斑点，扩大后变成红褐色至铁锈色，病斑膜质，大小不等，干燥时病斑多呈红褐色。此病发展很快，常引起大量落叶，对产量影响较大，但植株一般不会死亡。

2. 发病规律 由丁香假单胞杆菌引起的细菌性病害。病原菌在病残体或种子上越冬，从叶片伤口处侵入，借助雨水、灌溉水、农具进行传播及再侵染。气温23～30℃、空气相对湿度在90%以上的7～8月份高温多雨季节发病重；地势低洼、肥料缺乏、偏施氮肥、管理不善、植

株衰弱的地块发病严重。

3. 防治方法 ①选用抗耐病品种。对种子进行消毒灭菌处理。避免连茬或重茬，与非茄科作物实行轮作。培育壮苗，施足基肥，适时定植，膜下滴灌，科学管理，提高植株抗性。②清水浸种10～12小时后，选用1%硫酸铜溶液浸种5分钟。选用50%琥胶肥酸铜可湿性粉剂拌种，用量为种子重量的0.3%。③发病初期，选用72%硫酸链霉素可溶性粉剂4 000倍液，或77%氢氧化铜可湿性粉剂400～500倍液，或50%琥胶肥酸铜可湿性粉剂500倍液，或14%络氨铜水剂300倍液，喷雾，每隔7～10天1次，视病情连续防治2～3次。

十七、细菌性疮痂病

1. 主要症状 主要危害叶片、茎蔓、果实。叶片上初生水渍状黄绿色斑点，扩大后变为圆形或不规则形病斑，边缘暗褐色，稍隆起，中央部色淡，稍凹陷，病斑常相互连接形成大型不规则病斑。病斑沿叶脉发生时，常使叶片畸形。茎上病斑褐色短条状，稍隆起，纵裂。果实病斑近圆形隆起，褐色，疮痂状。

2. 发病规律 由辣椒斑点病致病型细菌引起的细菌性病害。病原菌依附在种子表面越冬，也可随病残体在田间越冬，从叶片上的气孔侵入，潜育期3～5天，潮湿情况下，病斑产生的灰白色菌脓，借助雨水飞溅及昆虫活动作近距离再侵染。发病适温为27℃～30℃，高温高湿条件时病害发生严重，多发生于7～8月份，尤其在暴风雨过后，容易形成发病高峰。

3. 防治方法　①与非茄科作物轮作，避免连作。由于辣椒种子可携带疮痂病病原菌，催芽前选用温汤浸种或1%硫酸铜溶液浸种。加强育苗期的管理，培育健壮幼苗，合理密植，定植后注意松土，追施磷、钾肥料，促根系发育。改善田间通风条件，雨后及时排水，降低湿度。及时清洁田园，清除枯枝落叶，收获后，集中烧毁病残体。②发病初期，选用72%硫酸链霉素可溶性粉剂4 000倍液，或用90%链·土可湿性粉剂4 000～5 000倍液，或77%氢氧化铜可湿性粉剂500倍液，或60%琥铜·乙膦铝可湿性粉剂500倍液，或14%络氨铜水剂300倍液，喷雾防治，每7～10天防治1次，连续2～3次。

十八、软腐病

1. 主要症状　主要危害果实。病果初生水渍状暗绿色斑，后变褐软腐，具有恶臭味，内部果肉腐烂，后期脱落或留挂在枝上，干枯呈白色。

2. 发病规律　由胡萝卜软腐欧氏菌引起的细菌性病害。病原菌随病残体在土壤中越冬，病菌通过灌溉水、雨水飞溅从果实伤口侵入，还可通过钻蛀性害虫的幼虫传播。田间低洼易涝、钻蛀性害虫多、连阴雨天气多、湿度大时容易流行。

3. 防治方法　①选用抗逆性强、抗耐病害、高产优质的优良辣椒品种。前茬收获后，彻底清理田间遗留的病残体及杂草。实行水旱轮作，或与葱蒜类蔬菜实行2～3年轮作。加强苗期管理，培育健壮幼苗。采用高畦栽培，应用微滴灌或膜下暗灌技术。加强棚室内温湿度调控，

适时通风，适当控制浇水，避免阴雨天浇水，浇水后及时排湿，尽量防止叶面结露，以控制病害发生。及时整枝、抹杈，及时摘除病叶、病花、病果，摘除下部失去功能的老叶，改善通风透光条件，拉秧后及时清除病残体。②发病初期，选用90％链·土可湿性粉剂4 000～5 000倍液，或77％氢氧化铜可湿性粉剂500倍液，或50％琥胶肥酸铜可湿性粉剂500倍液，或14％络氨铜水剂300倍液，喷雾，每隔5～7天防治1次，连续2～3次。

十九、根结线虫病

1. *主要症状*　主要发生在根部的须根或侧根上，病部产生肥肿畸形瘤状结，解剖根结有很小的乳白色线虫埋于其内。一般在根结之上可生出细弱新根，并再度感染，形成根结状肿瘤。在发病初期，地上部分的症状并不明显，但一段时间后，植株表现叶片黄化，生育不良，结果少，严重时植株矮小。感病植株在干旱或晴朗天气的中午萎蔫，并逐渐枯死。

2. *发病规律*　我国辣椒根结线虫病的病原物为南方根结线虫，属于植物寄生线虫，有雌雄之分，幼虫呈细长蠕虫状，卵多埋藏于寄主组织内。根结线虫常以二龄幼虫或卵随病残体遗留土壤中越冬，可存活1～3年，翌年条件适宜，越冬卵即孵化为幼虫，继续发育并侵入寄主，刺激根部细胞增生，形成根结或瘤，幼虫发育至四龄时交尾产卵，雄虫离开寄主进入土壤，不久即死亡，卵在根结内孵化发育，二龄后离开卵壳，进入土壤进行再侵染或越冬。

3. 防治方法　①合理轮作，最好进行水旱轮作。春季作物收获后，利用夏季高温，每 667 米^2 撒施生石灰 75～100 千克，深耕 25 厘米以上，灌足水，覆盖薄膜密闭大棚 15～20 天，利用高温杀死土壤中的线虫。②在大棚休闲期，整地，开沟，沟间距离 15 厘米，深度 15 厘米，用 40%威百亩水剂 3～5 升，适量对水稀释后将药液均匀喷洒于沟内，然后覆土压实，并覆盖地膜，密闭 7 天后揭开地膜，松土 1～2 次，可防治线虫，兼治病害、虫害、杂草等。也可选用 98%棉隆颗粒剂，每 667 米^2 用量 7.5 千克，沟施或撒施。

第四节　辣椒虫害

一、蚜　虫

1. 主要症状　成蚜和若蚜群居在叶背、嫩茎和嫩尖危害，吸食汁液，分泌蜜露，可以诱发煤烟病，从而加重危害，使辣椒叶片卷缩、幼苗生长停滞，叶片干枯甚至死亡。蚜虫是传染病毒的主要媒介。

2. 生活习性　蚜虫在温暖地区或温室中以无翅胎生雌蚜繁殖。繁殖适温为 15℃～26℃、空气相对湿度为 75.8%左右。蚜虫主要附着在叶面，吸取辣椒叶片的营养物质进行危害。有翅胎生雌蚜体长 2 毫米左右，头、胸为黑色，腹部为绿色；无翅胎生雌蚜体长 2.5 毫米左右，黄绿色、绿色或墨绿色。

3. 防治方法　①蚜虫的主要越冬寄主为木槿、石榴及田间杂草等，应彻底清除杂草。②利用蚜虫趋黄性，悬挂黄色诱虫板诱杀；在田间悬挂银灰色塑料条或采用银灰色地膜覆盖，驱避蚜虫。③注意保护与利用七星瓢虫、草蛉、食蚜蝇等蚜虫的天敌。④发生初期，选用1.8%阿维菌素乳油3000倍液，或10%烯啶虫胺水剂2500倍液，或50%抗蚜威可湿性粉剂2000～3000倍液，或10%吡虫啉可湿性粉剂2000倍液，或5%啶虫脒可湿性粉剂2000倍液，或3%除虫菊乳油800～1000倍液，或5%顺式氯氰菊酯乳油5000～8000倍液，喷雾，每隔5～7天防治1次，连续防治3～4次。

二、粉　虱

1. 主要症状　成虫或若虫主要群集在蔬菜叶片背面，以刺吸式口器吸吮植物汁液，被害叶片退绿、变黄，植株长势衰弱、萎蔫，甚至全株枯死。棚室辣椒栽培，粉虱成虫和若虫均能分泌大量蜜露，污染叶片和果实，严重降低果实的商品性；蜜露堵塞气孔，影响叶片的光合作用，常常导致减产10%～30%，严重时绝收；粉虱还可传播病毒病。

2. 生活习性　在北方温室1年发生10余代，冬天室外不能越冬，华中以南以卵在露地越冬。成虫有趋嫩性，在植株顶部嫩叶产卵，以卵柄从气孔插入叶片组织中，与寄主植物保持水分平衡，极不易脱落。粉虱繁殖适温为18℃～21℃，若虫做短距离行走，当口器插入叶组织后失去爬行能力，春季随幼苗移植或温室通风迁移。

3. 防治方法　①育苗前，对苗床进行药剂消毒，熏蒸

消灭残余虫口，消除杂草、残株，减少中间寄主，通风口增设尼龙纱，培育“无虫苗”。②利用粉虱的趋黄性，每 667 米² 张挂 30～40 块黄色诱虫板诱杀成虫。③利用人工释放丽蚜小蜂、中华通草蛉等天敌防治粉虱。④发生初期，选用 10%吡虫啉可湿性粉剂 2 000 倍液，或 5%啶虫脒可湿性粉剂 2 000 倍液，或 5%噻虫嗪水分散粒剂5 000～6 000 倍液，或 1.8%阿维菌素乳油 2 000～3 000 倍液，喷雾，每隔 5～7 天防治 1 次，连续防治 3～4 次。棚室栽培，每 667 米² 选用 20%异丙威烟剂 150～250 克，熏蒸防治，同时可防治蚜虫、蓟马等。

三、茶黄螨

1. 主要症状　以成螨和幼螨集中在植株幼嫩部位刺吸危害。受害叶片背面呈灰褐色或黄褐色，有油渍状或油脂状光泽，叶缘向背面卷曲。受害嫩茎、嫩枝变黄褐色，扭曲畸形，茎部、果柄、萼片及果实变为黄褐色。受害的果脐部变黄褐色，木栓化和不同程度龟裂，裂纹可深达 1 厘米，种子裸露，果实味苦而不能食用。受害严重的植株矮小丛生，落叶、落花、落果，不发新叶，造成严重减产。

2. 生活习性　茶黄螨繁殖的最适温度为 16℃～23℃、空气相对湿度为 80%～90%，温暖多湿的生态环境有利于茶黄螨生长发育，但冬季繁殖力较低。茶黄螨除靠爬行传播蔓延外，还可借助风力、人、工具及幼苗传播，开始为点片发生。茶黄螨有趋嫩性，成螨和幼螨多集中在植株的幼嫩部位危害，尤其喜在嫩叶背面栖息取食。雄螨活动力强，并具有背负雌性若螨向植株幼嫩部位迁

移的习性。虫卵多散产于嫩叶背面、果实的凹陷处或嫩芽上。初孵幼螨常停留在卵壳附近取食,变为成螨前停止取食,静止不动,即为若螨阶段。

3. 防治方法 ①搞好冬季大棚内茶黄螨的防治工作,铲除田间杂草,及时清除枯枝败叶,减少越冬虫源。②利用尼氏钝绥螨、德氏钝绥螨、具瘤长须螨和小花蝽等天敌防治茶黄螨。③发生初期,选用10%浏阳霉素乳油1 000～1 500倍液,或15%哒螨灵乳油2 000～3 000倍液,或5%噻螨酮乳油1 500倍液,或73%炔螨特乳油2 000倍液,喷雾,重点是植株上部,尤其是幼嫩叶背和嫩茎,每隔7～10天防治1次,连续防治3～4次。

四、红蜘蛛

1. 主要症状 以成螨、若螨和幼螨危害,聚集在辣椒叶背面,吸食汁液,受害叶片出现退绿斑点,逐渐变成灰白色斑和红色斑,严重时叶片枯焦脱落。

2. 生活习性 1年发生10～20代,以两性生殖为主,有孤雌生殖现象。雌性成虫潜伏于菜叶、草根或土缝附近处越冬,春季繁殖并危害。初为点片发生,后吐丝下垂或借助风雨扩散传播,先危害老叶,再向上扩散。当食料不足时,有迁移习性。高温干旱年份发生严重。

3. 防治方法 ①及时清洁田园,搞好冬季大棚内茶黄螨的防治工作,铲除田间杂草,及时清除枯枝落叶,减少越冬虫源。②由于茶黄螨的生活周期短、螨体小、繁殖力强,应在早期点、片发生阶段及时防治,重点在嫩叶背面、嫩茎、花器、嫩果喷药,可选用10%浏阳霉素乳油

1 000～2 000 倍液，或 15%哒螨灵乳油 2 500 倍液，或 5%噻螨酮乳油 2 000 倍液，或 73%炔螨特乳油 3 000 倍液，交替使用，每隔 10 天喷施 1 次，连续防治 2～3 次。

五、烟青虫

1. 主要症状　以幼虫蛀食花蕾和果实为主，也可危害嫩茎、嫩叶和嫩芽。蛀果危害时，虫粪残留于果皮内使果实失去经济价值，田间湿度大时，果实容易腐烂脱落造成减产。

2. 生活习性　烟青虫每年发生 4～5 代，以蛹在土中越冬，4 月上中旬至 11 月下旬可见成虫，前期在寄主植株上中部叶片背面的叶脉处产卵，后期多在果面或花瓣上产卵。幼虫白天潜伏，夜间活动，有假死性，老龄后脱果入土化蛹。

3. 防治方法　①及时清洁田园，在盛卵期结合整枝打杈，摘除带卵叶片，摘除虫果，消灭越冬虫源。②田间见蛾时，每 667 米^2 安装 1 盏黑光灯或电子灭蛾灯，诱杀成虫。③保护并利用赤眼蜂、姬蜂、草蛉、瓢虫、蜘蛛等天敌，以虫治虫。④在一、二龄幼虫期，选用 100 亿个芽孢/毫升苏云金杆菌悬浮剂 150 倍液，或 10 亿个病毒体/克棉铃虫核型多角体病毒可湿性粉剂 80～100 克/30～45 升，喷雾，每隔 5～7 天防治 1 次，连续防治 3～4 次。

六、棉铃虫

1. 主要症状　主要以幼虫蛀食辣椒的嫩茎叶及果实，幼果常被吃空。危害时多在果柄处钻洞，钻入果内蛀

食果肉。

2. **生活习性**　棉铃虫又名钻心虫，属鳞翅目夜蛾科。棉铃虫每年可发生4代，以蛹在土壤中越冬，成虫在植株嫩叶、嫩果柄上产卵。每头雌虫产卵1000粒以上，1头幼虫危害35个果实。棉铃虫喜温喜湿，幼虫发育以25℃～28℃、空气相对湿度75％～96％最为适宜。

3. **防治方法**　①露地冬耕冬灌，将土中的蛹杀死。实行轮作。推广利用早熟品种，避开危害时期。加强田间管理，及时清洁田园，在盛卵期结合整枝打杈摘除带卵叶片，减少卵量，摘除虫果，降低虫口基数。②4月上中旬田间开始见蛾时，利用黑光灯、电子灭蛾灯诱杀成虫。③保护与利用赤眼蜂、长蝽、花蝽、草蛉及蜘蛛等天敌。④在准确测报基础上，及时在一至二龄幼虫期（幼虫蛀入果实危害前）喷药防治，可选用100亿个芽孢/毫升苏云金杆菌悬浮剂200～300倍液，或10亿个病毒体/克棉铃虫核型多角体病毒可湿性粉剂80～100克/30～45升，傍晚喷药，注意轮换用药，避免害虫产生抗药性。

七、斜纹夜蛾

1. **主要症状**　初孵幼虫群集危害，二龄后逐渐分散取食叶肉，四龄后进入暴食期，五至六龄幼虫占总食量的90％。幼虫咬食叶片、花、花蕾及果实，食叶成孔洞或缺刻，严重时可将全田作物吃成光杆。

2. **生活习性**　斜纹夜蛾属鳞翅目夜蛾科，是一种食性很杂的暴食性害虫。斜纹夜蛾1年发生5～6代，是一种喜温性害虫，发育适宜温度为28℃～30℃，危害严重时期6～9月份。成虫昼伏夜出，以夜间8～12时活动最盛，有趋光性，对糖、酒、醋、发酵物等有趋性。卵多产在植株中部叶片背面的叶脉分叉处，每头雌虫产卵3～5块，每块约100多粒。大发生时，幼虫有成群迁移的习性，有假死性。高龄幼虫进入暴食期后，一般白天躲在阴暗处或土缝中，多在傍晚后出来危害，老熟幼虫在1～3厘米表土内或枯枝败叶下化蛹。

3. 防治方法 ①利用成虫的趋光性、趋化性进行诱杀。采用黑光灯、频振式杀虫灯诱蛾，也可用糖醋液诱杀。人工捕杀。利用成虫产卵成块，初孵幼虫群集危害的特点，结合田间管理进行人工摘卵和消灭集中危害的幼虫。②在幼虫初孵期，选用100亿个芽孢/毫升苏云金杆菌悬浮剂200～300倍液，或每667米^{2}斜纹夜蛾核型多角体病毒可湿性粉剂40～50克，对水40～50升，每隔7～10天喷施1次，连续防治2～3次。

八、蓟 马

1. 主要症状 以成虫和若虫锉吸枝梢、叶片、花、果实等幼嫩组织汁液，被害的嫩叶、嫩梢变硬卷曲枯萎，植株生长缓慢，节间缩短，幼嫩果实被害后会硬化，严重时造成落果，严重影响产量和品质。

2. 生活习性 蓟马终年繁殖，可终年危害，2月上旬开始危害幼苗，5～9月份为该虫的危害高峰，10～11月份，随着冬季气温下降，回到杂草越冬。成虫活跃、善飞、怕光，多在幼果毛丛中取食，各部位叶片都能受害，但以叶背为主。卵散产于叶肉组织，幼虫入表土化蛹。

3. 防治方法 ①加强田间管理，及时清除田间杂草、病叶，推广地膜覆盖栽培，减少害虫的越冬基数。②利用棕榈蓟马对蓝色具有强趋性，利用蓝色诱虫板诱杀。③发生初期，选用20%丁硫克百威乳油600～800倍液，或10%吡虫啉可湿性粉剂2 000倍液，或5%噻虫嗪水分散粒剂1 500倍液，或1.8%阿维菌素乳油3 000倍液，或2.5%多杀霉素悬浮剂1 000～1 500倍液，喷雾防治，注意叶背及地面喷雾，以提高防治效果。

九、斑潜蝇

1. 主要症状 幼虫钻叶危害，在叶片上形成由细变宽蛇形弯曲的隧道，开始为白色，以后变成铁锈色，有的在白色隧道还带有湿黑色细线。幼虫多时，被害叶萎蔫枯死，影响辣椒的产量。

2. 生活习性 斑潜蝇危害黄瓜、番茄、茄子、辣椒、豇豆、蚕豆、大豆、菜豆、西瓜、冬瓜、丝瓜等22个科110多种植物。该虫在南方各省1年发生21～24代，无越冬现象，成虫以产卵器刺伤叶片，吸食汁液，雌虫在部分伤孔表皮下产卵，卵经2～5天孵化，幼虫期4～7天，末龄幼虫咬破叶表皮在叶外或土表下化蛹，蛹经过7～14天羽化为成虫。

3. 防治方法 ①加强田间管理，及时清除各种残体或杂草，培育无虫幼苗。定植前对有虫源的温室、大棚进行闭棚熏蒸，也可采用高温闷棚进行防治，并将带有虫卵、幼虫、蛹的残株进行掩埋或堆沤处理。施用的农家肥要充分腐熟，以免招引成虫产卵。②利用成虫具有趋黄性，可用黄色诱虫板诱杀。③在产卵盛期和孵化初期进行药剂防治，选用1.8%阿维菌素乳油3 000～4 000倍液，或10%灭蝇胺悬浮剂800倍液，或5%顺式氯氰菊酯乳油2 000～3 000倍液，在早晨或傍晚喷雾防治。

十、蛴　螬

1. 主要症状　活动于地下，取食辣椒地下部分，食害已萌芽种子，咬断幼苗或成苗的根、茎，断口整齐，致使植株枯死，造成田间缺苗。

2. 生活习性　蛴螬是金龟子的幼虫，主要在未腐熟的粪中产生。幼虫主要取食植株的地下部分，直接咬断根和茎，使植株死亡。耕层地温达到5℃时开始移向土表，地温13℃～18℃为活动盛期。蛴螬喜湿润，阴雨天危害加重。其成虫有假死性、趋光性，特别喜欢未腐熟的有机肥。

3. 防治方法　①秋后深翻土地，进行冻垡，可明显降低翌年的虫量；施用充分腐熟的有机肥，用塑料薄膜覆盖堆闷，高温杀死肥料中的害虫。②在成虫盛发期，利用金龟子的趋光性，进行人工捕捉或用黑光灯诱杀。③利用茶色食虫虻、金龟子黑土蜂等天敌防治。④每667米^{2}选用100亿个芽孢/毫升苏云金杆菌悬浮剂300克，或40亿个芽孢/克布氏白僵菌粉剂2.5千克，或20亿个芽孢/克金龟子绿僵菌粉剂2千克，制成毒土撒在畦内。

十一、小地老虎

1. 主要症状　小地老虎是一种杂食性害虫，可危害

多种蔬菜幼苗。幼虫三龄前大多在叶背和叶心里昼夜取食，三龄后白天潜伏在浅土中，夜出活动取食。苗小时齐地面咬断嫩茎，拖入穴中，五至六龄进入暴食期。

2. 生活习性　小地老虎1年发生3～4代，老熟幼虫或蛹在土内越冬。早春3月上旬成虫开始出现，一般在3月中下旬和4月上中旬会出现两个发生盛期。成虫白天不活动，傍晚至前半夜活动最盛，喜欢吃酸、甜、酒味的发酵物和各种花蜜，并有趋光性。幼虫共分6龄，一、二龄幼虫先躲伏在杂草或植株的心叶里，昼夜取食，这时食量很小，危害也不十分显著；三龄后白天躲到表土下，夜间出来危害；五、六龄幼虫食量大增，每条幼虫1夜能咬断菜苗4～5株，多的达10株以上。幼虫三龄后对药剂的抵抗力显著增加。三龄后的幼虫有假死性和互相残杀的特性，老熟幼虫潜入土内筑室化蛹。

3. 防治方法　①铲除田园杂草，减少产卵场所和食料来源，春耕多耙，消灭土面上的卵粒，秋冬深翻晒垡或冻垡，破坏其越冬场所。②利用糖醋液诱杀成虫，按糖∶醋∶酒∶水∶药＝6∶3∶1∶10∶1比例配成诱液，傍晚时置入田间诱杀。③一般在三龄幼虫以前用药，每667米^{2}选用40亿个芽孢/克布氏白僵菌粉剂2.5千克，或20亿个芽孢/克金龟子绿僵菌粉剂2千克，制作菌肥或菌土防治。

第五节　辣椒保护地栽培病虫害综合防治

一、发生特点

1. 发生季节性不明显　日光温室或塑料大中棚栽培，创造了适宜辣椒生长的小气候环境，辣椒生产期大大延长，倒茬时间少，同时也为辣椒病原菌、害虫的生长发育营造了一个舒适的环境。棚室病虫害的发生同样也表现出季节性相对不明显、危害时间长的特点，尤其是南方地区棚室内的病原菌、害虫不需冬眠越冬，可以周年繁殖，四季危害。

2. 喜湿病原菌、害虫发生严重　冬、春季节，由于需要闭棚保温，导致棚室内湿度大，空气相对湿度往往可达90%～100%，植株表面常凝结有露珠，致使灰霉病、疫病、菌核病、霜霉病、软腐病等病害发生严重，同时喜潮湿的蜗牛、蛞蝓等害虫时有发生。

3. 小型害虫危害严重　由于棚室栽培管理强度大，隔离条件好，大型害虫不易大量发生；蚜虫、蓟马、粉虱、螨类、斑潜蝇等小型害虫，既可在露地越冬，又可在棚室内继续生长繁殖危害。

4. 病虫害易暴发成灾　棚室内湿度大，十分适合病原菌繁殖，尤其是冬、春季节植株叶面结露后，病菌侵染很快，在通风不良的条件下迅速蔓延成灾。棚室内害虫不受风雨和天敌危害，繁殖迅速，也易暴发成灾。

5. 土传病害严重　由于棚室固定性强，与其他作物

轮作的余地较小，有利于疫病、枯萎病、根结线虫病等土传病害病原菌的传播与蔓延。

二、农业防治

1. 实行轮作制度　由于受到土地资源、设施条件的限制，辣椒的连作现象十分普遍，连作障碍严重，辣椒疫病、根结线虫病等土传病害对辣椒产量的影响极大。与葱蒜类、十字花科类、根菜类等蔬菜作物或与水稻、小麦等大田作物轮作，可有效克服连作障碍，其中与水稻的水旱轮作效果最佳。

2. 加强通风换气　棚室辣椒栽培，通风换气具有降温、排湿、补充二氧化碳、排除有害气体等多重作用。通风时间长短、通风口大小应根据棚室内外温度而定，掌握"先小后大"的原则，注意防止冷风直接吹入棚室内。采用物联网技术，可以随时掌握棚室内的温度、湿度情况，确保及时通风换气。

3. 采用地膜覆盖　栽培畦面覆盖地膜，可以大大降低地表水分蒸发，且可以减少灌水次数，基本可以抑制土壤水分蒸发，降低棚室内空气湿度，也可减少土壤中的盐分积累。

4. 合理施用有机肥　有机肥营养成分全面、肥力持久，可改善辣椒根系的生长环境，对促进辣椒植株健壮生长、满足植株持续开花结果具有重要的作用。化学肥料效果明显，但过度使用化肥，不但会降低辣椒产品的品质，还会加剧土壤的次生盐渍化。

5. 无土栽培　采用营养液或固体基质加营养液栽培

的方法。与常规土壤栽培比较，无土栽培产量高、品质好、节约水分和养分、清洁卫生、省力省工、易于管理，同时还可以避免土壤连作障碍，非常适合辣椒的绿色产品的生产。

三、物理防治

1. 高温闷棚　在换茬、闲茬期间，利用夏、秋季的高温炎热天气，盖严塑料薄膜，关好棚室门和通风口，密闷棚室 7～15 天，使棚室内温度尽可能提高，可有效预防枯萎病、青枯病、软腐病等土传病害发生，同时高温也能杀死线虫及其他虫卵。施入有机肥后进行高温闷棚，不但可杀灭肥料中的病菌，还可促进营养成分的分解，有利于植株的吸收。

2. 温汤浸种　温汤浸种简单、经济，不但可杀死附着在种子上的病菌，而且可以促进种子吸收水分。辣椒温汤浸种使用 55℃～60℃的热水，水量为种子的 6 倍左右，将种子放入水中不停地搅拌 10～15 分钟，水温降至 30℃时停止搅动。

3. 色板诱杀　有翅蚜虫、粉虱、斑潜蝇等害虫有趋黄习性，可用黄色诱虫板诱杀；蓟马等害虫具有趋蓝的习性，可用蓝色粘板诱杀。实际使用时，根据虫害的发生情况，单独使用或同时使用不同颜色的诱虫板。

4. 防虫网隔离　防虫网可有效阻止虫害入侵，大幅度减少杀虫剂的使用量，是无公害辣椒栽培的关键技术之一。辣椒生产中，主要在夏、秋季育苗使用防虫网，一般选用规格为 25～40 目的银灰色网，可以有效隔离蚜

虫、烟粉虱等主要害虫的侵害，对育苗棚内的通风透气影响较小。防虫网覆盖主要有全网覆盖法和网膜结合覆盖法，四周接地处用土压紧，使大棚内部形成与外界完全隔离的封闭空间。

5. *驱避蚜虫*　银灰色地膜透光率为15%，反光率高于35%，反光中带有红外线，对蚜虫有驱避作用。在大棚通风口处可悬挂银灰色膜，可用来驱避蚜虫的危害，并且可以增加棚室内的光照。

6. *淹水杀菌*　在夏、秋季高温天气期间（一般在每年6～8月份），利用前茬与后茬之间的生产空档，结合高温闷棚，在大棚或日光温室放入大水，淹水15天，不仅可以有效杀死土壤中的病原菌，而且可以洗掉部分盐分。

四、生物防治

1. *以天敌治虫*　在保护地栽培环境中，保护并利用天敌防治害虫，如利用广赤眼蜂防治棉铃虫、烟青虫、菜青虫等害虫，利用丽蚜小蜂防治温室粉虱等害虫，利用烟蚜茧蜂防治桃蚜、棉蚜等害虫。

2. *以植物源农药治虫*　苦参碱对菜青虫、菜蚜、粉虱等具有触杀与胃毒作用，印楝素对甜菜夜蛾幼虫、茶黄螨、蓟马等具有胃毒、触杀和拒食作用，烟碱对蚜虫、菜青虫、烟青虫、粉虱、烟粉虱等具有触杀、熏蒸、胃毒作用，除虫菊对菜蚜、葱蓟马、叶蝉等具有触杀作用。

3. *以微生物源农药治虫*　苏云金杆菌及其混配剂对烟青虫、棉铃虫等大多数鳞翅目害虫的幼虫具有胃毒作用，阿维菌素对蚜虫、蓟马、叶螨、斑潜蝇等具有胃毒与触杀作用，棉铃虫核型多角体病毒对棉铃虫与烟青虫等具有胃毒作用，斜纹夜蛾核型多角体病毒对斜纹夜蛾幼虫具有胃毒作用。

4. 以微生物源农药治病　武夷菌素可防治辣椒白粉病，宁南霉素适宜防治白粉病和由烟草花叶病毒引起的病毒病，嘧啶核苷类抗生素对白粉病、炭疽病、枯萎病等有较好的防治效果，硫酸链霉素、硫酸链霉素·土霉素对辣椒疮痂病、青枯病、软腐病、叶斑病等细菌性病害具有很好的防治效果。

五、化学防治

1. 对症下药　辣椒的病害有非侵染性病害（生理性病害）与侵染性病害之分，侵染性病害的病原主要为病毒、真菌、细菌三大类。真菌性病害有明显的病斑病症，而且会长出霉、粉、锈、毛状类的菌丝繁殖体等；细菌性病害有明显的病斑病症，条件适宜时会流出黏稠的菌脓、胶状体等；病毒病没有明显的侵染痕迹，主要是花叶、矮化、丛枝、蕨叶等生长畸形症状。用药时，要正确辨别病害的种类，有针对性地选择合适的药剂防治。

2. 适时用药　辣椒害虫随着虫龄增长，其抗药性也逐渐增强，实际防治时，需要加强病虫害的测报工作，及时掌握病情、虫情，根据病虫害的发生规律，严格掌握最佳防治时期。杀虫剂的最佳用药期应在幼虫期三龄前；对于钻蛀性害虫，如棉铃虫、烟青虫、斑潜蝇等，应在卵孵化高峰期用药，成虫期可采用性诱剂诱杀，防治效果明显。

3. *交替用药*　长期使用某一种或某一类型的农药防治病虫害，病原菌或害虫会逐渐形成对药剂的抗药性。交替用药则是克服和延续病虫产生抗药性的有效办法之一。可交替使用不同作用机制且没有交互抗性的药剂，如内吸杀菌剂与触杀式杀菌剂。交替用药不但能提高单种药剂的防治效果，而且还能延长某种优良农药品种的使用年限。

4. *混合用药*　多种病虫害同时发生时，需要采用混合用药，以达到一次施药控制多种病虫害的目的。混用农药以 2～3 种药剂为宜，不宜过多，以免出现药害。实际使用时，不能先混合两种单剂，再用水稀释，而是用足量的水先配好一种单剂的药液，再用这种药液稀释另一种单剂，从而保持不同药剂有效成分的化学稳定性，保证药液的物理性状不被破坏，避免出现乳化不良、分层、浮油、沉淀、絮结等现象。

5. *灵活选用农药剂型和施药方法*　辣椒保护地栽培，冬、春季以寡照、高湿的设施环境为主。为了不增加棚室内的湿度，应优先选用百菌清、腐霉利、异丙威等烟剂，或选用百菌清、霜脲·锰锌等漂浮粉剂，只有在烟剂、漂浮粉剂不能有效控制病虫危害的情况下，才考虑采用喷雾、灌根的用药方法。

6. *严格掌握农药的安全间隔期*　辣椒产品中的农药残留也是普遍关心的问题之一。为确保辣椒产品的安全性，最后 1 次喷药与收获之间的时间必须大于安全间隔期。不同药剂的安全间隔期不同，使用符合无公害要求的农药，杀菌剂的安全间隔期一般为5～7天，杀虫剂的安全间隔期一般为7～9天，需要严格掌握，禁止在安全间隔期内采收上市。